U0392663

"十三五"普通高等教育本科部委级规划教材

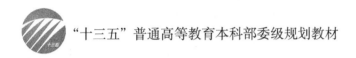

织物组织学实验教程

段亚峰　主　编

陆浩杰　副主编

中国纺织出版社

内 容 提 要

本书是纺织工程本科专业平台课程实验教材之一，是与"织物组织学"理论课程配套的实验教程。该实验教程以实验室中常见种类与品种规格的纱线和织物样品作为对象，介绍织物分析和组织结构试织实验中常用的基本原材料、试样结构性能及外观风格特征；介绍了教学中所涉及的实验仪器、设备及工具；阐述了以"织物组织学"课程理论为基础的五个认识、验证与综合设计实验；并说明了实验教学的一般要求和实验室管理相关规定；还讲述了各类与织物组织设计相关的竞赛项目，为学生在读期间参与相关学科竞赛和开展织物品种组织结构创新设计活动提供必要的思路和途径。

本书作为"十三五"普通高等教育本科部委级规划教材，可供高等院校纺织工程专业师生使用，也可供相关企业人员参考。

图书在版编目（CIP）数据

织物组织学实验教程/段亚峰主编． -- 北京：中国纺织出版社，2016.6（2025.2重印）
"十三五"普通高等教育本科部委级规划教材
ISBN 978-7-5180-2552-7

Ⅰ．①织… Ⅱ．①段… Ⅲ．①织物组织—实验—高等学校—教材　Ⅳ．①TS105.1-33

中国版本图书馆CIP数据核字（2016）第083385号

责任编辑：符　芬　　　责任校对：王花妮
责任设计：何　建　　　责任印制：何　建

中国纺织出版社出版发行
地址：北京市朝阳区百子湾东里 A407 号楼　邮政编码：100124
销售电话：010—67004422　传真：010—87155801
http://www.c-textilep.com
中国纺织出版社天猫旗舰店
官方微博 http://weibo.com/2119887771
北京虎彩文化传播有限公司印刷　各地新华书店经销
2025 年 2 月第 5 次印刷
开本：787×1092　1/16　印张：10
字数：136 千字　定价：38.00 元

凡购本书，如有缺页、倒页、脱页，由本社图书营销中心调换

前言
Preface

  "织物组织学"是纺织工程专业根据培养目标设置的一门专业平台课程，由于具有很强的逻辑性和实践应用性，因此在纺织工程专业的课程设置中占有十分重要的地位。

  本书是与"织物组织学"课程配套的实验教程，内容包括基础认识性实验、应用验证性实验及综合创新性实验。认识性实验主要是对课程中所用的纱线原料、织物、测试仪器、织造加工设备进行了解；验证性实验是根据织物组织学的教学大纲要求，进行织物分析、织物上机图的绘制、组织设计、织物小样试织的原理验证；创新性实验是学生根据所学组织结构理论开展课外科技创新项目所做的自选型开放性实验，目的是为引导学生进行织物结构与品种外观风格设计的综合创新能力训练与初步实践应用。

  本书的第一章"实验材料简介"以实验室中常用的纱线、织物品种作为介绍对象，让学生在开展织物分析和试织实验前能够对所选用的原料、试样有系统性的初步认识。第二章"实验仪器设备与工具"作为认识性实验的一部分，介绍课程教学中所涉及的检测仪器、织造加工设备和工具。主要有用于织物分析的电子天平、纱线捻度机、织物密度仪等；用于实验纱线准备加工的生产花式线的空心锭花式捻线机和花式纱钩编机、给经纱上浆的单纱上浆机、单筒子小样整经机等；用于织物组织小样试织的电子多臂开口半自动小样织布机、电脑程控气动剑杆引纬全自动多臂小样织布机和大提花小样织布机；用于织物后处理的电磁炉、水浴锅和织物小样烘干定型机等；还有一些常用工具如照布镜、织物取样器等。第三章实验内容与方法中主要介绍以"织物组织学"为基础的五大织物组织学实验：织物分析实验、小样织机结构原理认识与织物上机图关系验证实验、原组织织物试织实验、变化组织与联合组织织物试织实验、复杂组织设计与织物试织实验。第四章实验教学规范与实验室管理中，介绍了组织学实验课程教学的一般要求和实验室管理相关规定。第五章课程后续开放实验备选项目设计则是织物组织学课程外延伸的内容，主要介绍与织物组织设计相关的特色竞赛项目，供学生丰富知识，开阔视野，为有选择性地参加相关专业学科竞赛拓展思路。

本实验教程从纱线设计、面料工艺规格设计到织物小样试织、织物成品后整理，贯穿整个纺织品面料的设计开发过程，为纺织工程专业、纺织品设计专业本科阶段的实践教学提供实验指导。参加编写人员及编写章节如下：第一章——段亚峰、李旦、陆浩杰；第二章——陆浩杰、邹专勇、沈巍；第三章——段亚峰、朱昊、陆浩杰；第四章——孟长明、徐彩娣；第五章——段亚峰。本书全部内容由段亚峰统稿、陆浩杰制作插图。此书的出版得到绍兴市重点特色教材建设项目经费的支持。

由于时间仓促和编者水平有限，书中难免存在不当之处，恳请读者批评指正。

编者

2015年12月28日于绍兴风则江畔

目录
Contents

第一章

实验材料简介

纺织品的主要结构形态是织物，除了非织造织物和针织物（含编结织物）外，绝大多数织物都是由经纬纱线交织而成的机织物（又称梭织物）。

机织物织造是以纱线为原材料。纱线是由短纤维或长丝形成的连续的、细长的线形集合体，并具有类似纺织品的性能，包括适当的拉伸强度、较高的柔韧性以及纺织产品通常具备的视觉优美性和触觉舒适性能。目前，纱线生产是一项高度发达的工程技术，它促进了适用于特定应用的不同纱线结构设计的发展。纱线的最终用途，不仅包括服装材料、家用装饰纺织品，还包括汽车内饰、过滤、篷盖、复合材料及医用防护类织物等技术纺织品产业领域。

1.1 短纤纱

1.1.1 短纤纱的分类

天然纤维和化学纤维都可以集合并加捻而形成短纤纱。短纤纱拥有优良的手感和覆盖能力，舒适性好且可以形成花式外观，但是纱线强度和均匀性较差。短纤纱分类及其结构如图1-1-1和图1-1-2所示。

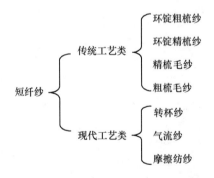

图1-1-1 短纤纱分类

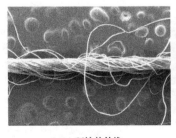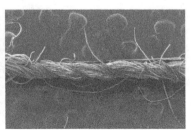

(a) 环锭纺纱线　　　　(b) 转杯纺纱线　　　　(c) 喷气纺纱线

图1-1-2 不同种类的短纤纱结构

1.1.2　实验室储备原料

（1）涤/黏毛染色纱。涤/黏毛染色纱规格及实物图见表1-1-1。

表1-1-1　涤/黏毛染色纱规格及实物图

序号	纱线规格	单纱样本	筒纱样本	4倍放大纱线样本
1	150tex涤/黏毛染色纱，20Z捻/10cm			
2	90tex涤/黏毛染色纱，30Z捻/10cm			
3	175tex涤/黏毛染色纱，17Z捻/10cm			
4	100tex涤/黏毛染色纱，35Z捻/10cm			
5	160tex涤/黏毛染色纱，20Z捻/10cm			
6	125tex涤/黏毛染色纱，20Z捻/10cm			

（2）纯棉色纺纱。纯棉色纺纱规格及实物图见表1-1-2。

表1-1-2　纯棉色纺纱规格及实物图

序号	纱线规格	单纱样本	筒纱样本	4倍放大纱线样本
1	14.6tex×2纯棉色纺纱，45S捻/10cm			
2	14.6tex纯棉色纺纱，130Z捻/10cm			
3	14.6tex×2纯棉色纺纱，30S捻/10cm			
4	14.6tex×2纯棉色纺纱，30S捻/10cm			
5	14.6tex纯棉色纺纱，120Z捻/10cm			
6	14.6tex纯棉色纺纱，130Z捻/10cm			

序号	纱线规格	单纱样本	筒纱样本	4倍放大纱线样本
7	14.6tex纯棉色纺纱，140Z捻/10cm			
8	14.6tex×2纯棉色纺纱，35Z捻/10cm			

1.2　长丝

　　长丝是纱线中的一种特殊结构，构成长丝的纤维均为长度方向连续的形态。长丝有天然长丝（蚕丝集束体——生丝）和化学纤维长丝。化学纤维长丝又分为再生纤维（人造丝）和合纤丝（合成纤维）。工业上应用最为广泛的是黏胶人造丝、涤纶长丝和锦纶长丝等，本课程实验大多采用涤纶长丝。原则上，无捻涤纶长丝须上浆后方可作为经丝用于织造，为了减少后处理过程中退浆加工产生的废水和化学需氧量（COD），织造过程中一般采用拉伸变形丝（DTY）网络化及全拉伸丝（FDY）加捻后的网络丝和有捻定型丝作经线，以增强丝线的集束性强力和耐磨性，防止因摩擦产生起毛断头。

　　涤纶是在我国对聚酯纤维的商品名称，其聚合物成分为聚对苯二甲酸乙二醇酯（PET）。涤纶自1972年以来一直是化学纤维工业中产量最高的，在2007年其产量和消费超过棉纤维，成为应用最广泛的纤维品种，而中长丝产量占涤纶总产量的48%左右。长丝的超细化、异形化已经成为化学纤维工业发展的主流，各种差别化涤纶长丝品种日新月异。

1.2.1　涤纶长丝的分类

　　根据纺丝及后加工工艺不同，涤纶长丝可以分为单组分涤纶丝和双组分复合丝两大类（图1-2-1）。

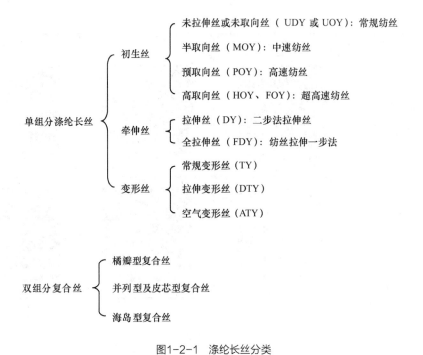

图1-2-1 涤纶长丝分类

1.2.2 实验室储备原料

（1）原液着色彩色涤纶丝合股线。表1-2-1所列为原液着色彩色涤纶丝合股线规格及实物图。

表1-2-1 原液着色彩色涤纶丝合股线规格及实物图

序号	纱线规格	纱线样本	筒纱样本	4倍放大纱线样本
1	13.3tex彩色涤纶丝FDY合股线，50S捻/10cm			
2	38.8tex彩色涤纶丝FDY合股线，35S捻/10cm			

序号	纱线规格	纱线样本	筒纱样本	4倍放大纱线样本
3	133.3tex彩色涤纶丝DTY合股线，25S捻/10cm			

（2）常规化纤长丝——涤纶DTY、涤纶FDY。表1-2-2所列为常规化纤长丝规格及实物图。

表1-2-2 常规化纤长丝规格及实物图

序号	纱线规格	纱线样本	筒纱样本	4倍放大纱线样本
1	33.3tex/72f涤纶膨体纱			
2	16.7tex/48f 涤纶网络丝			
3	11.1tex/36f 涤纶DTY			
4	16.7tex/48f 涤纶POY			

序号	纱线规格	纱线样本	筒纱样本	4倍放大纱线样本
5	16.7tex/36f 涤纶 FDY			

1.3 花式线

花式线是指在纺纱和制线过程中采用特种原料、特种设备或特种工艺对纤维或纱线进行加工而得到的具有特种结构和外观效应的纱线，是纱线产品中特别具有装饰作用的一种纱线。花式线的结构一般由芯纱、饰纱和固纱三者组成。芯纱也称基纱，是构成花式线的主干，被包在花式线的中间，是饰纱的依附体，它与固纱一起形成花式线的强力。饰纱也称效应纱或花纱，它以各种花式形态包缠在芯纱外面而构成起装饰作用的各种花形，是构成花式线外形的主要成分，一般占花式线重量的50%以上。固纱也称缠绕纱或包纱、压线等，它包缠在饰纱外面，主要用来固定饰纱的花形，以防止花形的变形或移位，固纱一般采用强力较好的低特涤纶、锦纶作原料。花式线比较复杂的线形结构，能使织物获得一些特殊的织物外观风格及舒适性、抗皱性等。花式纱线分类如图1-3-1所示。

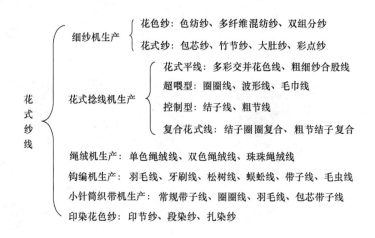

图1-3-1 花式纱线的分类

1.3.1 花式平线

花式平线须在花式捻线机上用两对罗拉以不同速度送出两根纱，然后加捻得到螺旋效果（图1-3-2）。如用一根低弹涤纶长丝与一根18tex（56公支）的棉纱交并，使用双罗拉并线机，使两根纱各用一对罗拉送出，才能控制好每股纱的张力，得到理想的花式线；也可以用多根不同颜色的单纱或金银丝进行交并，得到多彩交并花色线。

<table>
<tr><td>(a) 花式平线一</td><td>(b) 花式平线二</td></tr>
</table>

图1-3-2　花式平线实例

1.3.2　结子线

　　结子线的效果是在花式线的表面生成一个个较大的结子，这种结子是在生产过程中由一根纱缠绕在另一根纱上而形成的（图1-3-3）。结子有大有小，结子与平线的长度可长可短，两个结子的间距可大可小。这种结子线一般可在双罗拉环锭花式捻线机上生产。结子的间距一般以不相等为好，否则会使织物表面结子分布不均匀。由于结子线在纱线表面形成结节，所以一般不宜选用太粗的原料，适纺范围在15～200tex之间。它广泛用于色织产品、丝绸产品、精梳毛纺产品、粗梳毛纺产品及针织产品等。

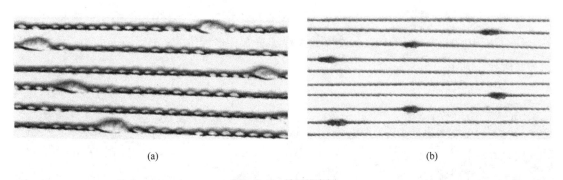

<table>
<tr><td>(a)</td><td>(b)</td></tr>
</table>

图1-3-3　结子线实例

1.3.3　圈圈线

　　圈圈线是在线的表面生成圈圈（图1-3-4）。圈圈有大有小，大圈圈的饰纱用得极粗，从而成纱线密度也低，小圈圈线则可纺得较细。一般线密度可在67～670tex之间选择。在生产大毛圈时，饰纱必须选择弹性好、条干均匀的精纺毛纱，而且单纱捻度要低。也有用毛条（或粗纱）经牵伸后直接作为饰纱，称为纤维型圈圈线。这类圈圈由于纤维没有经过加捻，所以手感特别柔软。圈圈线在环锭花式捻线机和空心锭花式捻线机上均能生产。这类花式线最突出的是圈圈，所以饰纱应用较好的原料，有用羊毛、腈纶、棉、麻等。

| (a) 圈圈线一 | (b) 圈圈线二 |

图1-3-4　圈圈线实例

1.3.4　羽毛线

羽毛线是钩编机上生产最多的品种，在钩编机上使纬线来回交织在两组经纱间，然后把两组经纱间的纬纱在中间用刀片割断，使纬纱直立于经纱上，成为羽毛线。羽毛的长短取决于两组经纱的间距，间距大，割开后的羽毛就长，反之则短。羽毛纱线有大羽毛与小羽毛之分，大羽毛的羽毛长度在10mm以上，而小羽毛的羽毛长度则在10mm以下。用于作羽毛"柄"的经线大都用强力较大的涤纶或锦纶长丝，而用于作羽毛"毛"的纬线则用光泽较好的三角涤纶或锦纶长丝，也有用有光黏胶短纤纱的。羽毛线大都用于针织品和装饰品，使织物产生绒感。当羽毛以一段段间断性地分布在经纱上，形成"牙刷"和"柄"时，叫作牙刷线。羽毛线外观如图1-3-5所示。

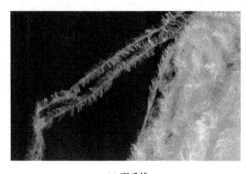

(a) 羽毛线　　　　　　　　　　　　　　　　(b) 牙刷线

图1-3-5　羽毛线实例

1.3.5 花式线的用途

在织机方面，花式线在所有织机上均能应用，如用蚕丝做成粒子后加入绢纺中生产的粒子纱，使织物不但立体感强，而且穿着舒适；用圈圈线采用丝织大提花生产的装饰织物，富丽而高雅。

在色织布方面，花式线中的传统产品——断丝府绸，一直远销海外；用结子、圈圈、竹节纱等生产的服装面料更是举不胜举（图1-3-6）；过去认为高档的精纺花呢，现在配上花式线后起到锦上添花的作用，如深咖啡或藏青的底色中，配上紫红或黑色的小结子作嵌条，在深沉高雅的色调中略显花哨。

(a) 结子线面料　　　　　　　　　　　(b) 圈圈线面料

图1-3-6　花式线面料实例

近年来，随着装修业的发展，各种沙发布、贴墙布、内外窗帘布更是花式线充分发挥优势的市场，大肚纱、结子线等均应用于各种装饰织物，供不应求。

1.4 织物分析常用品种简介

织物分析是认识织物和仿样设计采样加工的基础，主要目的是搞清楚织物的原料成分、经纬线线型结构、织缩率、经纬密度、平方米克重、组织结构等。本课程第一个实验就是"织物分析"实验，主要是给出一块织物样品，通过实验分析得出该织物的基本规格参数与织物组织结构。常用的实验材料有棉织物、涤/黏织物、涤纶织物。

1.4.1 棉织物

以棉纱为原料的机织物，统称棉布，商业贸易中通常表示为100%C。棉织物用途广泛，除用作服装外，还可供装饰用和工业用。棉织物分白织坯布和色织布。各种组织的白织坯布，又称本色布或原色布，多数需经染整加工制成漂布、色布、印花布，有的还需经丝光、防缩、防皱整理。色织布是采用先经漂染的纱线织成，多数需经过整理加工使成品外表美观并有良好的服用性能［图1-4-1（a）］。

1.4.2 涤/黏织物

涤/黏织物［图1-4-1（b）］主要以涤纶和黏胶纤维为原料，商业贸易通常表示为T/R，配比以涤纶占65%，黏胶纤维占35%居多。混纺比通常有65/35、70/30、80/20、90/10；也有采用涤黏倒比例的，有以下几种：35/65、30/70、20/80、10/90等。比如，为了伏贴毛羽，增加耐磨性，混纺比采用黏胶纤维35，涤纶65，使织物保持了黏胶纤维良好的服用性能，经砂洗、染色后整理，以其良好的柔软性、透气性及穿着舒适性成为深受广大用户欢迎的高档时装面料。

涤/黏织物是一种既有毛织物的高贵、华丽、手感丰满、滑糯有弹性，又有化学纤维织物的耐机洗、免熨烫、保形性好、飘逸、悬垂性好及价格适中的特点，是兼有毛织物和化学纤维织物优点的一种仿毛织物。它既可以用于制作西装显得高雅大方，又可制作各式新款时装，穿着随意、新潮，非常符合当前时装休闲化的趋势，是男、女时装的首选面料。

1.4.3 涤纶织物

涤纶面料是经纬纱都由涤纶织成的织物，商业贸易通常表示为100%T，是日常生活中用得非常多的一种化学纤维服装面料。其最大的优点是抗皱性和保形性很好，因此，适合制作外套服装。涤纶织物具有较高的强度与弹性恢复能力，吸湿性较差，穿着有闷热感，同时易带静电、沾污灰尘，影响美观和舒适性，不过有良好的洗可穿性能。涤纶织物的耐光性较好，除比腈纶差外，其耐晒能力胜过天然纤维织物。涤纶织物耐各种化学品性能良好，不怕霉菌、不怕虫蛀［图1-4-1（c）］。

(a) 棉织物　　　　　　　　　　(b) 涤/黏织物　　　　　　　　　　(c) 涤纶织物

图1-4-1　织物分析常用面料实物图

第二章

实验仪器设备与工具

为了了解织物结构，熟悉并巩固所学织物组织种类及其结构种类特点、织造方法和外观风格特征与应用，本课程主要通过织物分析和织物组织试织达到实验技能培训的目的。在分析和试织的过程中，需要使用一系列仪器设备，既有分析测试类，也有织造加工类。本章主要介绍电子天平、纱线捻度仪、织物密度仪及花式捻线机、浆纱机、小样织布机、穿综刀、穿筘刀等仪器设备和工具的结构原理和使用方法。

2.1　织物分析仪器与工具

2.1.1　电子天平

（1）设备型号与主要用途。

①设备型号。FA2014SN型电子天平，如图2-1-1所示。

②主要用途。电子天平作为一种应用广泛的实验室精密仪器，具有很多优越的特点，普遍用于量值传递、科学检测和产品化验中。电子天平在纺织服装教学中主要用于纤维的细度测量、织物的平方米克重测量。在纤维的细度测量中，通常取10根10cm长的纤维，在电子天平中称得其质量后利用纤维细度的定义公式得到纤维的细度。在织物的克重测量中，先用圆盘取样器裁取100cm²的织物样品，再放入电子天平中称量经换算后得到样品的平方米克重。

图2-1-1　FA2014SN型电子天平实物图

（2）基本结构与工作原理。

①基本结构。电子天平的载荷接受装置称为"机芯"，是电子天平最为敏感的部位。它由上下两幅附板和承载重物的框架组成的"罗伯威尔原理"框架结构、补偿线圈和磁钢装置组成。某种电子天平的结构示意图如图2-1-2所示。由图2-1-2可见，磁钢装置与补偿线圈之间的间隙非常小，约为0.5mm，因此，应避免杂物或灰尘进入而影响天平正常使用。另外，结构框架连接簧片最薄处只有几微米，极易断裂，所以要注意电子天平的使用环境条件要求。

②工作原理。目前常用的电子天平是电磁力平衡原理式天平。其工作原理是当重物放置在秤盘上时，秤盘位置发生变化，通过载荷接受装置的位移传感器将此位置改变转换为电信号，电信号经PID(比例—积分—微分)调节器和放大器后，以电流形式反馈到线圈中，使电磁力与被称物体的重力相平衡，使秤盘恢复到原来的平衡位置。同时，变化结果通过运算器和微处理机处理后，由显示屏显示出来。

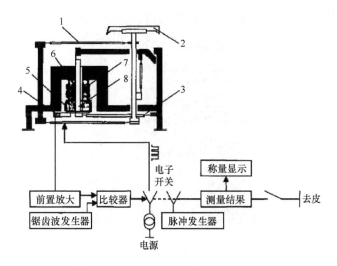

图2-1-2　FA2014SN型电子天平的结构示意图
1—杠杆　2—秤盘　3—弹簧片　4—位置传感器　5—动圈
6—磁钢　7—补偿线圈　8—磁极

（3）操作规程与注意事项。

①FA2014SN型电子天平操作规程。

a. 预热：打开天平右侧的电源开关，按"ON/OFF"键，天平显示"8.8.8.8.8.8"三遍后，即显示0.000kg或0.0000kg，然后预热数分钟，方能使称量准确。

b. 校正：如需校正，应使天平预热数分钟，并显示0.000kg或0.0000kg 稳定后，按住"UNIT"键不放直至天平显示"CAL＿＿＿0"，松手等天平显示"Add Ld"与"XXXX"(表示校正砝码重量)闪动时，在秤盘上加所示的标准砝码，天平会自动校正出PASS，显示校正重量。校正完毕，拿掉砝码，即可称量。

c. 单位转换：每按一次"UNIT"键，天平显示单位会在kg（千克）、ct（克拉）、lb（磅）、oz（盎司）、ozt（金衡盎司）、dwt（英钱）之间循环。

d. 去皮：如示值有所偏离零点或秤盘上加载皮重，可按"TARE"键，使示值为0.000kg或0.0000kg。

e. 计数：先取样本放于秤盘，天平显示样本的重量，按下"COUNT"键，天平进入计数状态，显示"C＿＿＿10"，此时计数样本为10，再按"COUNT"键可循环选择样本的个数（10、20、50、100 循环），选好后，可将所计量的物体放置于秤盘上，天平即显示计量物体的数目。按一下"UNIT"键即可退出计数状态。

f. 称量：放上重物，待显示稳定即可读数（图2-1-3）。

g. 关机：使用完毕后，按"ON/OFF"键关机，并关闭电源开关。

图2-1-3　放上重物，待显示稳定即可读数

②注意事项。

a. 天平必须在平坦稳定的平台上工作，环境应无振动、无强气流、无热辐射、无强电磁场、无污染腐蚀气体和尘埃。

b. 电子天平只能称量干燥物品，不得将含有化学试剂、潮湿的物品放入天平。

c. 在称量纤维或织物时，为避免产生误差，需注意不要将纤维或织物外露在秤盘圆周外，如果纤维太长或织物太大可以稍稍弯折一下再进行称量。

（4）常见故障分析。FA2014SN型电子天平的常见故障及其成因与排除方法见表2-1-1。

表2-1-1　FA2014SN型电子天平常见故障分析

编号	故障现象	故障原因	排除方法
1	天平不能开机	电源未接通	1. 检查电源开关是否打开，蓄电池的电量，可先连接220V交流电源以便开机 2. "ON/OFF" 按键是否完好
2	天平显示 "F____H"	1. 被称重物超过天平量程 2. 天平记忆的零点发生变化（传感器变形）	1. 拿掉被称重物即可 2. 按住 "UNIT" 键强行执行校正，如果范围还允许，天平还可以正常使用一段时间
3	天平示值不稳定	1. 秤盘与上盖有擦碰 2. 传感器底部有异物	检查秤盘与上盖是否擦碰，传感器底部是否有异物，天平称量如果严重不准可先执行一遍校正操作

2.1.2　纱线捻度机

（1）设备型号与主要用途。

①设备型号。Y331A纱线捻度机，如图2-1-4所示。

图2-1-4　Y331A纱线捻度机实物图

②主要用途。短纤维通过加捻才能制成无限长的、具有一定力学性能的纱线。长丝为了提高单丝间的紧密度，便于加工和改善织物性能，往往也需要加捻。Y331A纱线捻度机用于测定棉、毛、丝、麻、化学纤维等纱线的捻度，其性能符合GB/T 2543.1和GB/T 254S3.2的规定，液晶显示自动统计测试数据。Y331A纱线捻度机用于测定棉、毛、麻、丝、化学纤维等纱线的捻度、捻度不匀率及股线的捻度和捻缩。

（2）基本结构与工作原理。

①基本结构。Y331A纱线捻度机由控制箱(数字显示)、张力机构、插纱架等部件组成。主机解捻夹头的转动方向、转速、启动和停止由控制箱控制，捻回数测试通过光电转换由控制显示箱显示捻回数字。仪器的隔距可调，试验时张力由垂直指针式杠杆施加张力，零位自停采用光电传感器。

②工作原理。Y331A纱线捻度机上可以用直接退捻法、退捻加捻法测量纱线捻度。直接退捻法的原理是在一定张力下，夹住已知长度纱线的两端，通过试样的一端对另一端向退捻方向回转，直至股线中的单纱或单纱、复丝中的单纤维完全平行为止，退去的捻回数即为该纱线试样长度内的捻回数。退捻加捻法的原理是在规定张力下，夹持一定长度的试样，测量经退捻和反向加捻回复到起始长度时的捻回数。

（3）操作规程与注意事项。

①操作规程。

a．直接计数法：实验步骤如下。

实验方式选择"直接计数法"，调整试验参数。

根据捻向，选择退捻反方向（如纱线为Z捻，则退捻方向为S）。

选择转数为Ⅰ（约1500r/min）或Ⅱ（约750r/min）或Ⅲ（慢速可调），并通过调速变压器进行微调（图2-1-5）。

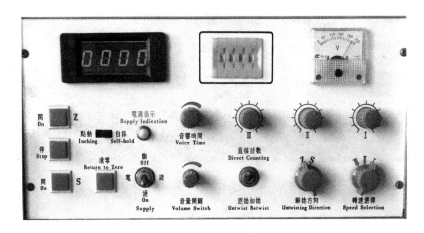

图2-1-5　Y331A纱线捻度机操作面板

调节好左、右纱夹之间的距离（即试样长度）。

根据纱线试样的线密度，计算出预加张力，放好张力重锤的位置。

放开伸长限位，使其不起作用。

设置好预置捻回数（比实测的要小）。

装夹试样，将左纱夹用定位片刹住；右纱夹上的零刻度线对准轴承盖上的捻回指示线
（图2-1-6）。

图2-1-6　右纱夹上的零刻度线对准轴承盖上的捻回指示线

将试样插入纱架，拉去管纱头端纱线数米。然后用右手轻轻拉出纱线（注意防止意外
伸长和退捻），先用左纱夹夹紧试样，再将纱头端引入右纱条，放开定位片，使纱线在预加
张力作用下伸直。当伸长指针指在伸长弧标尺的0位时，用右纱夹固紧试样。

按"清零"键，使捻回显示为0。

按相应的测试开关，开始退捻。当听到快速变慢速的间歇音响信号（说明捻度即将退回）后，将股线挑开（从左纱夹一端开始挑纱），直到退捻完成（股线中的单纱呈平行状态），即按"停止"键。

如果操作中纱线解捻过头或未退完，可采用"点动"解捻，或交替按"开机"键和"停机"键，使捻度全部退完。

记录捻回数和捻伸（退捻后试样的伸长值或缩短值）。

重复试验："清零"→"点动"调节为"自保"→装夹试样→按相应测试键，直至捻度退完→记录捻回数→直至完成所规定的试样次数。

b. 退捻加捻法：实验步骤如下。

试验方式为"退捻加捻法"，调整试验参数。

按纱线捻向，选择退捻方向。

调节好左、右纱夹之间距离（即试样长度）（500±1）mm、预加张力（0.50±0.10）cN/tex及允许伸长限位。

装夹试样（具体操作参见"直接退捻法"）。

清零后，启动相应的测试开关进行试验，当伸长指针离开0位又回到0位时，仪器自停，记录捻回数，精确至1位小数。

重复上述步骤，完成要求的测试次数。

②注意事项。

a. 取样时，若从同一卷装中取多个试样，则各个试样之间至少有1m以上的间隔。

b. 在选择退捻方向时，须手工退捻；确定纱线捻向后再在仪器上选择"退捻方向"。

c. 每次试验前都需要将捻回数清零。

d. 计算结果处理：

平均捻度T_t或T_m：计算到5位有效数，修约到4位有效数。

捻度变异系数：计算到3位有效数，修约到2位有效数。

捻系数α_t或α_m：

$$\alpha_t = T_t\sqrt{Tt} \text{ 或 } \alpha_m = \frac{T_m}{\sqrt{N_m}}$$

式中：Tt为股线线密度（tex）；N_m为股线公制支数。

计算结果修约至整数。

捻缩u：捻缩指纱线因加捻而缩短或伸长的程度。

$$u = \frac{L_1 - L_2}{L_1} \times 100\%$$

式中：L_1 为退捻后的纱线长度（mm）；L_2 为股线的试样长度（mm）。

e. 试验数量 n 可按公式计算。$n = 0.427CV^2$，式中 CV 是试验结果的变异系数（当各类纱线的测试精度为 ±3%，概率为95%的前提下），或按产品标准中的试样数量测定。

（4）常见故障分析。Y331A纱线捻度机的常见故障及其成因与排除方法见表2-1-2。Y331A纱线捻度机直接计数法试验参数见表2-1-3，Y331A纱线捻度机退捻加捻法试验参数见表2-1-4所示。

表2-1-2　Y331A纱线捻度机常见故障分析

编号	故障现象	故障原因	排除方法
1	仪器启动时无法夹持住试样	试样预加张力不足	按表2-1-3、表2-1-4设定仪器预加张力参数
2	退捻加捻法中，捻度机清零后，当伸长指针离开0位又回到0位时，仪器仍然转动不停	1. 捻向设置不准确 2. 没有选择"自保"	1. 手工确定捻向，再重新取样分析 2. 将按钮按至"自保"
3	直接计数法中，无法确定退捻完全	1. 退捻转速过快 2. 没有挑纱	1. 将转速调整至低档 2. 用细针边退捻边挑动观察

表2-1-3　Y331A纱线捻度机直接计数法试验参数

品种	夹持长度（mm）	预加张力（cN/tex）
棉、毛、麻股线	250	0.25
缆绳	500	0.25
绢丝股线、长丝线	500	0.50

表2-1-4　Y331A纱线捻度机退捻加捻法试验参数

品种	试样长度（mm）	预加张力（cN）	允许伸长限位（mm）
棉纱（包括混纺纱）	250	$1.8\sqrt{T_t} - 1.4$	4.0
中长纤维纱	250	$0.3 \times T_t$	2.5
精、粗梳毛纱（包括混纺纱）	250	$0.1 \times T_t$	2.5
苎麻纱（包括混纺纱）	250	$0.2 \times T_t$	2.5
绢丝纱	250	$0.3 \times T_t$	2.5

2.1.3　织物圆盘取样器

织物圆盘取样器适用于切取各种毛纺、棉纺、化学纤维等织物的圆形样品（如图2-1-7和图2-1-8所示）。取样面积：100cm²，可切厚度5mm。

图2-1-7 织物圆盘取样器实物图

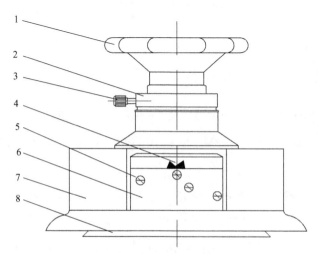

图2-1-8 织物圆盘取样器示意图
1—波纹手轮 2—滚花刻盘 3—锁紧螺钉 4—取样刀片
5—十字螺钉 6—刀片压板 7—外罩 8—取样压盘

（1）织物圆盘取样器的使用方法。

①将待裁织物平铺在橡胶垫上，将圆盘取样器放在织物上（图2-1-9）。

②拉出取样器上的锁紧装置，旋转约90°，一手扶住外罩，一手握住波纹手轮，并施加一定压力。

③然后顺时针旋转波纹手轮(转角大于90°)，即可将圆试样裁取。

④取样器使用后即锁紧装置，旋转至原位，使刀片不能外露，以免伤手和其他物品。

（2）注意事项。

①本仪器刀片刀口很锋利，使用中不得将手放在底部，以免损伤。

②本仪器裁取试样应在软木垫上进行，仪器不用时需擦拭干净，置于仪器盒中，以免仪器损坏。

③使用一段时间后如刀片不锋利，可以调换。

图2-1-9　织物圆盘取样器使用方法

2.1.4　照布镜

实验室用照布镜如图2-1-10所示，仪器内装有5~20倍的低倍放大镜，以满足最小测量距离的要求。照布镜的放大镜宽度为（2±0.005）cm，放大镜中有标志线，可随同放大镜移动。

测试时将照布镜放在摊平的织物上，选择一根纱线并使其平行于照布镜窗口的一边，再将放大镜中的标志线与刻度尺上的0位对齐，并将其位于两根纱线中间作为测量的起点（图2-1-11）。一边转动螺杆、一边记数，直至数完规定测量距离内的纱线根数。若起始点位于两根纱线中间，终点位于最后一根纱线上，不足0.25根的不计入，0.25~0.75根作0.5根计，0.75根以上计作1根。由此逐一测记窗口内的纱线根数也可测记窗口内的完全组织个数，通过织物组织分析或分解该织物，确定一个完全组织中的纱线根数。

测量距离内纱线根数=完全组织个数×一个完全组织中纱线根数+剩余纱线根数

图2-1-10　照布镜实物图

图2-1-11　照布镜记纱线根数

2.2　纱线加工设备

2.2.1　空心锭花式捻线机

（1）设备型号与主要用途。

①设备型号。HKV151B型花式捻线机，设备外观如图2-2-1所示。

图2-2-1　HKV151B型花式捻线机实物图

②主要用途。HKV151B型花式捻线机采用了先进的高速空心锭，其花式成形采用微电脑及变频控制技术来完成，适用于纺制各种类型的花式纱线。如圈圈纱、竹节纱、螺旋纱、多色结子纱线等，是一种适应性广、功能齐全的新型纺纱机。HKV151B型花式捻线机的原料适宜各种化纤长丝、低弹丝、棉纱、腈纶及部分天然原料。

（2）基本结构与工作原理。

①基本结构。HKV151B型花式捻线机由主控面板和机械部分组成。机械部分主要由空心锭子、罗拉机构、卷绕成型机构、传动系统等组成。

控制面板采用工业电脑作为主控机，配上专业软件，实行对用户开放的系统结构，允许用户修改各种花式参数，可以快捷、安全、方便地更新花式线品种。另外，系统还具有"记忆"功能，对各种情况的突然掉电等，不会影响设定的参数，等再次开机时，能继续安全可靠的工作。

空心锭子由锭杆、锭座、减振套、开合装置、刹车、轴承等组成。其筒管上的外包纱筒管锭子顶部与罗拉Ⅰ和罗拉Ⅱ控制的纱线旋绕结合，将芯线与饰线捆扎后进入空心锭杆中，在锭子底部的假捻钩上对中心环绕一圈后引出（图2-2-2）。

每个罗拉轴均由变频电机单独控制，以达到不同工艺中纱线的各自相应的线速度。罗拉Ⅰ上方的压轮中间有凹槽，是让罗拉Ⅱ的纱线经过不受罗拉Ⅰ速度的影响（图2-2-3）。

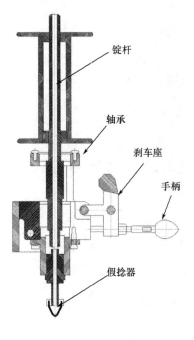

图2-2-2　HKV151B型花式捻线机空心锭子示意图

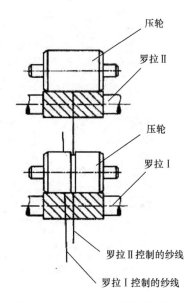

图2-2-3　HKV151B型花式捻线机罗拉示意图

卷绕成形机构采用槽筒式卷绕机构，由筒子架、卷绕筒管、槽筒轴、弹簧等组成。

传动系统贯穿整个机械部分。由安装在机头上部的两只0.75kW电动机分别经过同步带轮减速传至罗拉Ⅰ和罗拉Ⅱ，电机由变频控制，可任意调节罗拉轴的输出转速。安装在机头下部的15kW电动机通过二级同步带轮减速传动摩擦轮轴和传动槽筒轴，完成其卷绕过程。卷绕装置采用双支臂、槽筒式卷绕，其卷绕速度由变频控制无级调速。梳栉板上下摆动是由中间一节下部的0.75kW电动机传给偏心轮，再通过连杆机构将回转运动转化为上下摆动运动，作用是在卷绕恒速的情况下使纱线能快速打结，从而提高结子纱、竹节纱的生产效率。安装在机尾部件的两只3kW电动机分别驱动上、下假捻器，使上、下假捻器高速回转。空心锭由5.5kW主电动机通过循环龙带驱动，其最高转速12000r/min，速度调节可以通过变换不同直径的带轮来实现。

②工作原理。HKV151B型花式捻线机是利用回转的空心锭子以及附装于其上的加捻器，将经牵伸后的饰纱纤维束以一定的花式包绕在芯纱上的一种纺纱方法。其工艺流程如图2-2-4所示。

纱线Ⅰ（饰纱）经牵伸装置从前罗拉输出后，与后罗拉送出的纱线Ⅱ（芯纱）以一定的超喂比在前罗拉出口处相遇而并合，一起穿过空心锭，空心锭回转所产生的假捻将饰纱缠于芯纱之外，初步形成花型，叫作一次加捻。固纱来自套于空心锭外的固纱筒子上。固纱与由芯纱、饰纱组成的假捻花线平行穿过空心锭，并且均在下假捻器上绕过一圈。这样，在加捻钩以前，固纱与饰纱、芯纱是平行运动的，仅在下假捻器上的加捻钩以后，经过加捻钩的加捻作用，即所谓的二次加捻，才与芯纱、饰纱捻合在一起由输出罗拉输出，最后被卷绕滚筒带动卷绕成花式线筒。由于一次加捻与二次加捻的捻向相反，所以芯纱和超喂饰纱在加捻钩以前获得的假捻和花型，在通过加捻钩后完全退掉，形成另一种花型，再由在加捻钩获得真捻的固纱所包缠固定，从而形成最终花型。所以花式线的最后花式效应，是饰纱的超喂量、固纱的包缠数及芯纱的张力大小

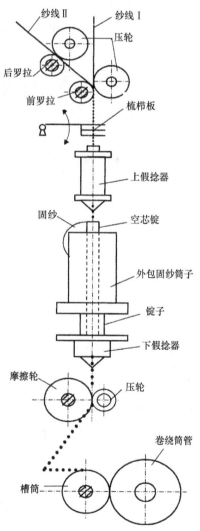

图2-2-4　HKV151B型花式捻线机
结构原理示意图

等因素的综合效应。芯纱张力是影响锭子上下气圈大小的决定性因素，也直接影响着饰纱在其上的分布。

（3）操作规程与注意事项。

①操作规程。

a. 穿纱。将芯纱和饰纱放在机器上端的筒子纱架上，固纱放在外包固纱筒子上。首先，芯纱从后罗拉喂入，与饰纱汇合一起喂入前罗拉，穿过梳栅板和上假捻器。接着，引出固纱，与芯纱和饰纱一起分别穿过空心锭、锭子、下假捻器。然后，3根纱线从下假捻器端口绕过一圈引出来后，喂入摩擦轮与压轮之中，绕过槽筒，卷绕到卷绕筒管上。整个穿纱如图2-2-4所示。

b. 设置参数。实验步骤如下。

打开电源，触摸屏幕出现启动画面（图2-2-5），有时需先解除紧急停止按钮自锁。

图2-2-5　HKV151B型花式捻线机启动画面

启动画面上有"选择花式数据"和"延时设定"，可以分别选择进行设定。点击"延时设定"进入延时设定界面（图2-2-6）。各参数的延时值表示电机从静止到按规定速度运转所需要的时间。总启动和总停止的延时有助于防止电机损害和纱线的瞬时受力而断裂，锭子延时也是为了防止纱线瞬时受力过大而断裂。如纺制结子纱则需要设置"摆杆停止时间"，停止的时间长短与结子的长度有关。设置完毕后点击"返回"，再点击"选择花式数据"进入下一界面。

选择工艺号X后，按下确定，则开始进行花式数据设定。

进行工艺数据设定时，先设置第一步（即结子纱的结子部分）。根据设计需要设置好"前罗拉1、后罗拉1、卷取1、摆杆1"的速度参数后按"保存"，按"▲"或"▼"键进入

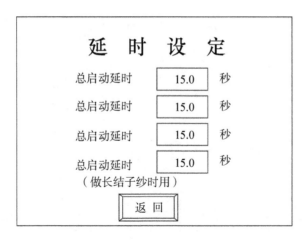

图2-2-6　HKV151B型花式捻线机延时设定画面

第二步设定（图2-2-7）。其中第二步指的是结子纱的平线加捻部分（图2-2-8）。同样根据设计设置好"前罗拉2、后罗拉2、卷取2、摆杆2"的速度。第一步、第二步设定后要"保存"，直至全部设好。检查一下已设好的数据，准确无误后，按一下"花式设定"，进入下一步。

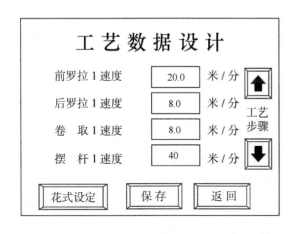
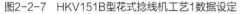

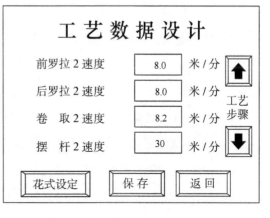

图2-2-7　HKV151B型花式捻线机工艺1数据设定　　　　图2-2-8　HKV151B型花式捻线机工艺2数据设定

　　按"花式设定"进入"花式数据设定"界面，主要设定上、下假捻器的假捻速度和锭子速度及捻向（图2-2-9）。如果需要纺制结子纱，则在"摆杆是否使用"处选"是"。"速度百分比"表示电机转速为全速运转时的百分比，如使用强力不高的纱线纺制，速度百分比就设置小一些，以利于连续生产。"节点随机值"表示纺制结子纱时结子点的分布规律，一般可以点选"无规则"。观察已设好的数据，确保准确无误后，按下"保存"，再按"返

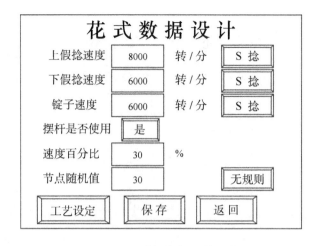

图2-2-9　HKV151B型花式捻线机花式数据设定

回"。进入下一步。

　　c. 启动花式捻线机。按下控制面板上的"绿色"按钮，捻线机开动。需要停止运转时按"红色"停止按钮。当遇到紧急情况时，立即按下"急停"旋钮；当故障排除后，将旋钮右转跳起后方可按"启动"按钮继续启动。

　　②注意事项。

　　a. 首先设定捻向，下假捻龙带和锭子龙带的旋转方向相反。

　　b. 设定卷取速度（即生产速度）。一般设为5～27m/min。

　　c. 根据花式线的捻度及所设定的卷取速度估算锭速，然后设置锭速，并调整龙带松紧。

　　d. 预设两罗拉速度，其中Ⅰ罗拉速度与卷取速度接近，前后罗拉速比视花式线品种不同而各异（如短结子纱约为1∶1.6；长结子纱约为1∶3.5）。

　　e. 根据锭速设定下假捻器的速度，根据纱线实际效果做相应调整。

　　f. 当花式线的成形需要用成形导杆时，如结子纱的成形，必须调整其成形导杆的速度，成形导杆的速度分下降与上升两种速度，下降速度影响结子大小，上升速度影响结子的间距。一般结子纱的下降速度大于卷取速度。

　　（4）工艺设计与应用实例。

　　①结子纱生产工艺。选择罗拉Ⅰ、Ⅱ控制的纱线均为33.3tex（300旦）低弹丝，外包纱用8.3tex（75旦）低弹丝。设计结子纱结构如图2-2-10所示，结子间的平线部分长度为随机值，工艺参数见表2-2-1。

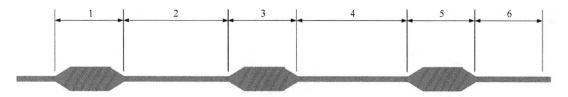

图2-2-10　结子纱结构示意图
1，3，5—结子部分　2，4，6—半线部分

表2-2-1　结子纱工艺设计参数

捻向	Z捻					
锭速（r/min）	9000					
上假捻器（r/min）	12500					
下假捻器（r/min）	8800					
工艺	工艺1	工艺2	工艺3	工艺4	工艺5	工艺6
罗拉Ⅰ速度（cm/min）	1200	800	1200	800	1200	800
罗拉Ⅱ速度（cm/min）	800	800	800	800	800	800
卷取速度（cm/min）	795	795	795	795	795	795
摆杆速度（cm/min）	1100	2200	1100	3000	1100	4000

　　其中工艺1，3，5影响结子大小，工艺2，4，6影响结子之间距离大小。

　　②圈圈纱生产工艺。在本机上纺制圈圈纱一般是通过改变罗拉Ⅰ、罗拉Ⅱ之间的速度来实现的。根据圈圈纱圈圈的大小，使罗拉1与罗拉2的速度成相应的比例，将摆杆停止，从而制得圈圈纱。本例选择罗拉Ⅰ控制的纱线用11.1tex（100旦）低弹丝，罗拉Ⅱ为33.3tex（30公支）Z捻黏胶纱，在锭子上外包纱用7.5tex（68旦）长丝。

　　工艺参数见表2-2-2。

表2-2-2　圈圈纱工艺设计参数

捻向	S捻
锭速（r/min）	10000
上假捻器（r/min）	11000
下假捻器（r/min）	8800
工艺	工艺1
罗拉Ⅰ速度（cm/min）芯纱	1200
罗拉Ⅱ速度（cm/min）饰纱	1800
卷取速度（cm/min）	1200

2.2.2　花式纱钩编机

（1）设备型号与主要用途。

①设备型号。SGD-980型花式纱钩编机（图2-2-11）。

图2-2-11　SGD-980型花式纱钩编机实物图

②主要用途。SGD-980型花式纱钩编机是用于生产各类花式纱线的纺织机械，属于花式纱线加工设备。该设备是将经纱和纬纱先编织成经编衬纬组织的布，再通过切断布间的纬纱使其形成一条条纱线。或者用经纱和纬纱直接编织成经编衬纬组织的带状纱线。SGD-980型花式纱钩编机可适用于各种化纤丝及棉、毛、麻、丝等原料。这些原料可以先染色再制成花式纱，也可以制成花式纱后染色。钩编花式纱的特征是芯线连续成圈，纬纱作衬垫，纱线呈扁平状。

（2）基本结构与工作原理。

①基本结构。SGD-980型花式纱钩编机分为主机部分和辅机部分。其中主机部分包括机架部件、传动部件、打长箱部件、大欧姆箱部件、针床部件、牵拉部件、送纱部件、收纱分纱架部件、电器部件。辅机部分包括成纱卷绕部件、纱架部件（图2-2-12）。SGD-980型花式纱钩编机采用变频器调速，可实现无级调速。还设有断线自停报警系统。设有纬纱针板轴、经纱针板轴、花板链条自动加油装置。

机架部件：主要用于提供其他部件的安装以固定位置以及实现整机的安装固定，而且下部安装有弹簧防振垫，减少整机振动。

传动部件：主要是为整机提供动力的装置，并使各个部件协调运动，以便生产出合格的产品。

打长箱部件：通过部件中偏心轮、摆臂的运动，从而使纬纱作有规律的衬填而生产出不同长度纬纱的纱线品种。

大欧姆箱部件：通过花板链条的多种组合控制纬纱形成各种衬填组织从而生产出不同的纱线。

针床部件：控制经纱针、导纱针、纬纱针，作编织花式纱的运动。

牵拉部件：主要是控制经纱的线圈长度（纬密）。

送纬部件：控制纬纱的张力和送纱量。

积极送经部件：控制经纱张力。

收纱分纱架部件：将成品纱分左右送入卷绕。

卷绕部件：由单独电机牵引，并与主机同步运转。设有四只可拆卸的绕纱棚架，每只绕纱棚架长2.5m，最多可绕成成品纱55条，绕成的框纱周长为1700mm。

纱架部件：由一只纱筒架组成。纱筒架设有260个纱位，位距是200mm。

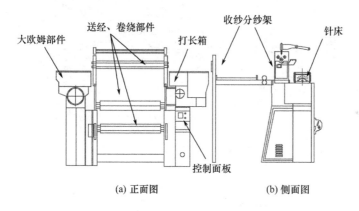

图2-2-12　SGD-980型花式纱钩编机结构示意图

②工作原理。花式线钩编机生产各类花式线主要是通过经纱和纬纱的排列与组合，再加上切割而完成各类花式线的生产。

钩编机生产原理如图2-2-13所示。经纱针（也称偏钩针）4随针床3沿针道板作前后运动。导纱针（也称经纱导针）5装在导纱针板6上，它可作水平横向移动和上下摆动，但水平移动的距离只能越过一枚经纱针。导纱针5头上有一孔可穿经纱，它水平横向移动和上下摆动的目的是把经纱套进经纱针的偏钩中，使经纱针能钩住经纱。纬纱针2安装在纬纱针板1上，这种纬纱针也称衬纬梳栉，能使纬纱靠近挡线板8。纬纱针能依靠车头箱中的花板链作水平横向移动和上下运动，而且水平横向移动的间距较大，能跳越多枚经纱针，也可在一枚经纱针的左右作上下运动。

生产花式线时，将经纱11穿过导纱针5的眼孔，由导纱针5绕着经纱针4先从左向右在经纱针上方作水平横向移动跳过经纱针，然后向下摆动，把经纱喂入经纱针钩中，这时经纱针钩着经纱向后移动，经挡线板8使原线圈从经纱针上脱下，同时形成新线圈，编成链状。所以每一枚经纱针前面必须配有一枚导纱针，否则经纱将无法喂入经纱针。纬纱12穿过纬纱针2的导管跟随纬纱针作水平横向移动和上下跳动。跳越多枚经纱针再作上下运动，把纬纱送入相应的经纱针针杆下，使纬纱在经纱中作衬纬，编织成不同的衬纬形式，从而生产出各种类别的花式钩编线。

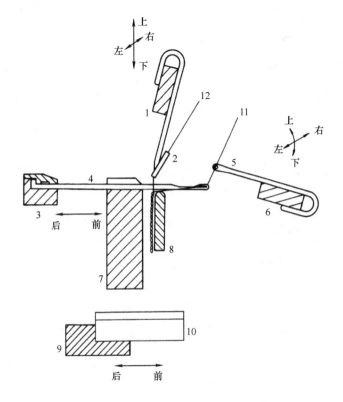

图2-2-13　钩编机生产花式纱原理示意图
1—纬纱针板　2—纬纱针　3—针床　4—经纱针　5—导纱针　6—导纱针板　7—针道板
8—挡线板　9—刀架　10—刀片　11—经纱　12—纬纱

（3）操作规程与注意事项。

①操作规程。

a．根据设计需要在纱筒架上安插好所需规格的纱筒。

b．根据设计在经纱针板、纬纱针板上放置若干经纱针、导纱针、纬纱针以及切割纬线用的刀片。

c．调整纬纱针板运动。纬纱针板的水平运动由针床右侧的偏心轮控制带动，水平运动距离由偏心轮上的螺钉A调节偏心距的大小来实现（图2-2-14）。偏心轮控制系统只能做一种跨距离的水平运动，如要纬纱针做几种不同跨距的水平运动，就要用左摆臂箱（大欧姆箱）中的花板链条来控制了。花板链条的具体使用参见相关说明书与课本。

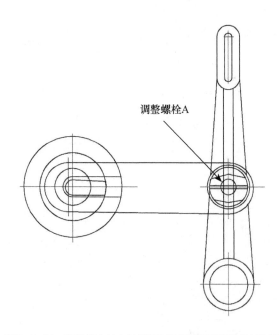

图2-2-14　调节偏心轮上的螺钉A偏心距以调整纬纱针运动规律

d. 选择经线、纬线原料，将纱线从纱筒上退绕出，穿过纱筒架上的圆盘张力器，经线纬线按照图2-2-15所示路线穿好。

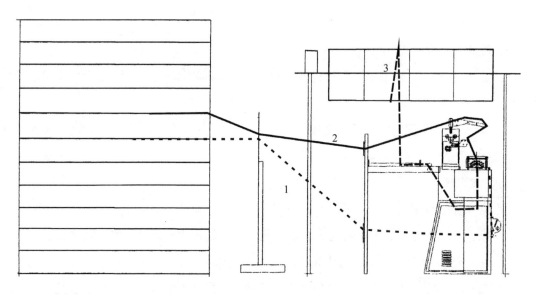

图2-2-15　经线、纬线、成品纱线走向示意图
1—经线　2—纬线　3—成品纱线

e. 打开总开关。旋转开关至"1"位置。

f. 在针板下方将出穿过钩针、针筒的经纬纱线，向下拉拽给予各根纱线适当的预张力，否则会造成纬纱脱圈。

g. 主机启动。按绿色启动按钮，主电动机启动，绿色指示灯亮。

h. 调整纬密、卷绕速度。织物纬密通过调节控制牵拉的链轮机构实现。卷绕速度通过调节送经速度、送纬速度实现，在机器的左边设有控制送经速度、送纬速度的链轮机构（图2-2-16）。其中链轮A用来调节牵拉速度、链轮B用来调节送经速度、链轮C用来调节送纬速度。在运行中，SGD-980型花式纱钩编机配有无级调速器来微调送经送纬速度。

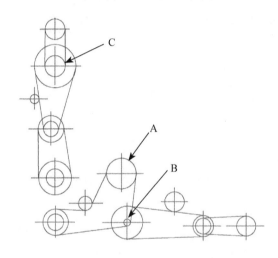

图2-2-16 调节控制牵拉的链轮机构以调整经纬密

i. 停止、点动。按红色按钮，主电动机运动时，停止。

j. 急停，按急停按钮，电动机停止运转。重新启动时，需旋转该按钮，才可以解除锁定。

k. 改变运转速度。增减运转速度可通过按面板上的上升下降键或旋转旋钮来实现调速。实时速度显示在设备液晶屏上。

②注意事项。

a. 必须熟悉说明书，了解说明书的内容后方可操作设备。

b. 留意设备安全警告牌上的警告，如齿轮、输入输出皮辊等处的安全标志。

c. 正常纺纱时，手不得伸到刀片前方以及各种齿轮啮合处，以免发生意外。

d. 工作时不得触摸正在运动的和可能会运动的部件，如喂入罗拉、输出罗拉、卷绕纱框等。

e. 经纱针板的经纱针末端与钩针末端应呈水平式平行。欲调整时，需先调松经纱针板两端固定座的螺栓，校正检查无误后再拧紧固定座的螺栓。

f. 检查纬纱针板运动，首先选定内侧的一块纬纱针板，两端都插上一支同样的纬纱针，转动控制轮使两侧的纬纱针板座均同时处于偏心带动的最低点，再看两端的纬纱针末端是否在针床底下1mm，同时钩针也伸出针床约4mm，纬纱针管末端的高低可通过调节纬纱针板按头的上下来达到（图2-2-17）。

（4）常见故障分析。SGD-980型花式纱钩编机常见故障，见表2-2-3。

（5）工艺设计与应用实例——羽毛线的生产。

①实验材料。

经纱：11tex锦纶长丝。

纬纱：33tex大有光锦纶三角异形长丝。

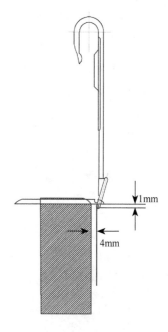

图2-2-17　确定纬纱针板运动位置

表2-2-3　SGD-980型花式纱钩编机常见故障及排除方法

编号	故障现象	排除方法
1	电动机不转，操作面板无显示	1. 检查电源是否正常 2. 检查小型断路器是否打开 3. 检查电路连接的螺钉是否松动 4. 检查电动机的三相阻值，确定电动机完好
2	电动机不转，操作面板工作不正常	1. 检查电源是否正常 2. 检查控制电路熔断器是否损坏 3. 检查电动机的三相阻值，确定电动机完好 4. 检查急停按钮是否处在按下的位置 5. 检查电路板下面的一个红灯是否亮 6. 全面检查有螺钉的连接处，确保每一处都有良好的连接 7. 参考变频器说明书，检查变频器内部设定参数，确保这几个参数与机器说明书提供的参数一致
3	断线自停不正常	1. 检查停经条角度，调整到合适为止，否则会出现乱停或不停现象 2. 检查两处微动开关和三根停经条的电路连接是否正常 3. 检查报警灯，确定完好
4	整机带电，漏电保护器跳闸	1. 检查电机接线处是否外壳碰触 2. 检查主电路和控制回路是否与电箱有短路现象
5	整机带电，漏电保护器无跳闸现象	变频器高频载波引起的感应电，让本机有良好的接地

②工艺设计。纬纱针先在经纱针的左边把纬纱绕到经纱针的针杆上完成衬纬，然后上升横向越过若干只经纱空针距，再下降把纬纱从右边绕到经纱针的针杆上完成衬纬，这样当经纱针做前后运动两次，纬纱针从左到右完成衬纬一次。这样连续往返把纬纱连接在两根经纱之间，形成如铁路上的枕木，用刀把纬纱中间割开，原来连接在两根经纱之间的纬纱就成为羽毛分别连接在两根经纱上，成为两根羽毛纱。

羽毛的长短取决于两组经纱之间空出针的距离，空针数多，羽毛就长。

③操作步骤。

a. 在纱筒架上放置两筒11tex锦纶长丝作经纱，一筒33tex大有光锦纶三角异形长丝作纬纱。

b. 根据图2-2-18所示，放置好经纱针、导纱针、纬纱针。

c. 根据图2-2-15所示穿好经纱、纬纱。

d. 调整纬纱针板运动。纬纱针板的水平运动由针床右侧的偏心轮控制带动，调节偏心轮上的螺钉A使得水平运动距离能跨过两个经纱空针距。

e. 按绿色启动按钮，启动机器。

f. 先降低速度调试，运转正常后在刀架处插入刀片，如图2-2-19所示，然后调快速度进行生产。

图2-2-18　生产羽毛线经纱针、导纱针、纬纱针位置

图2-2-19　刀架处插入刀片

2.2.3 浆纱机

（1）设备型号与主要用途。

①设备型号。GA392型电子式单纱上浆机，设备外观如图2-2-20所示。

②主要用途。纱线浆纱的目的是为了赋予经纱抵御外部复杂机械力作用的能力，提高经纱的可织性，保证织造过程顺利进行。因此，浆纱机的主要用途就是将经纱引入浆槽的浆液中，经过浸没与挤压作用，浆液给经纱以适当的浸透与被覆，从而达到上浆的要求，浆纱经烘燥后被卷绕到成筒装置上。

图2-2-20 GA392型电子式单纱上浆机外观

（2）基本结构与工作原理。

①基本结构。GA392型电子式单纱上浆机由控制部分和机械部分组成。

a. 控制部分：能控制浆纱速度并电子计长计速的单锭变频器；能控制烘房温度的测温头、温控表以及气动式蒸汽截止阀（蒸汽加热）或固态继电器（电加热）。

b. 机械部分：上浆系统、供浆系统、烘干系统、储纱装置、成筒装置等几个系统组成。

②工作原理。

a. 上浆系统：该设备采用浸浆上浆的方法，纱线从筒子上退绕下来，通过导纱瓷座、进纱张力调节器、导纱瓷钩、导纱瓷轮进入浆槽，经过夹纱海绵片刮浆和一对压浆轮压浆（压浆轮压力大小通过调节气压来控制），再进入烘房。纱线运动流程如图2-2-21所示。

b. 供浆系统：如图2-2-22所示，盛在浆桶中的浆液通过浆泵输送到整体浆槽之中使用，并通过回浆管循环。

烘干系统：热风手环风机将气流吹向加热器（蒸汽或电加热两种方式），进入烘房，纱线在烘房中烘干后产生的热湿气，通过热风回流管道并经排湿风机排湿后，再次进入热风循环风机，完成热风循环，从而达到使纱线烘干的目的（图2-2-23）。

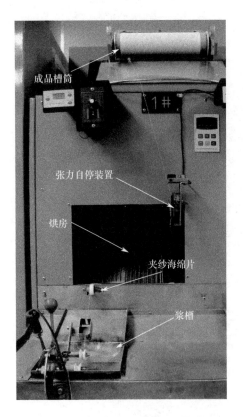

图2-2-21　GA392型电子式单纱上浆机的纱
线运动流程

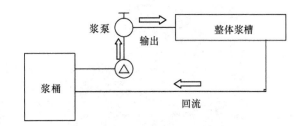

图2-2-22　GA392型电子式单纱上浆机的供浆系统

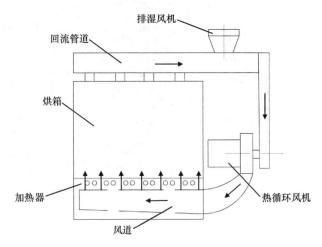

图2-2-23　GA392型电子式单纱上浆机的烘干系统

储纱装置：随着外力牵引主动链轮11，带动和主动链轮11相连的旋转壳体2相对于固定不动的主轴1旋转，和主轴1相连的蜗杆3与和旋转壳体2相固定的蜗轮4开始相对运动，带动链条8和链轮9旋转，随着旋转壳体2的旋转，支架10、链条8一起旋转，同时链条8、链轮7、9还有支架10沿旋转方向相垂直的方向转动，这样链条在随旋转壳体2旋转的同时，在水平方向上还有一定的位移，单纱或其他纤维绕在链条8旋转一转，就能在水平方向移动1mm的距离，从而达到储存纱线的目的（图2-2-24）。

成筒装置：纱线从转笼出纱端出来，通过导纱瓷轮、由伺服跟踪调节纱张力，而后通过槽筒的转动带动摇架上的筒子来卷绕成形。

温控系统：浆桶和烘房的温度采用智能温度测控仪和两只气动角阀（蒸汽）或固态继电器（电加热）来控制。如果浆桶和烘房的温度低于设定值时，气动角阀或固态继电器打开，相反温度高时，气动角阀关闭。烘房中潮湿的空气则通过排湿风机排出。

电子计长、计速装置：本设备采用单锭计长、计速装置，能设定烘房转笼的转动圈数和速度。

控制部分与机械部分的合理组合将单根纱线自动上浆、烘干，卷绕成满足后道工序生产的筒子纱。

（3）操作规程与注意事项。

①操作规程。首先，根据纱线原料成分选择浆料、设计工艺处方、确定上浆工艺。然后，检查浆纱机完好状态，调配浆液，开始上浆实验。实验的操作规程如下。

a. 打开电源，主控面板上的电源指示有电时亮。

b. 调节纱线张力。一般出厂前已经按照常规纱线调好。

c. 在温控仪上设定烘房和浆槽温度。注意：烘房正常设定温度范围为40～80℃，浆槽

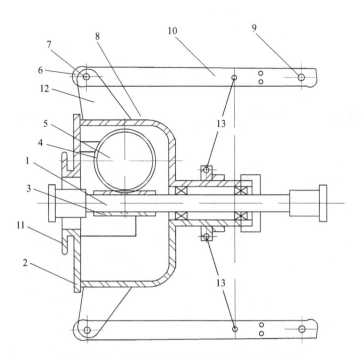

图2-2-24　GA392型电子式单纱上浆机的储纱装置

温度根据不同的浆料而定。

d. 在主控面板上设定排湿时间与排湿延时时间。正常情况下，排湿时间设为20s，排湿延时时间设为80s。

e. 在单锭控制盒上设定转笼绕纱圈数（一般设为320圈）、绕纱长度；旋动旋钮调节车速，右下角"运行和停止"按钮为正常工作时专用；左上角"绕纱"专为转笼开始绕纱用。

f. 放置纱线（图2-2-25）。将待卷绕纱筒夹放在筒子摇架上，扳起筒子摇架，防止纱筒和卷绕槽筒接触；把待上浆的纱线插放在纱筒锭杆上；将纱线从纱筒锭杆上引出，穿过导纱瓷座，进入张力调节器以及导纱瓷钩；纱线从浆槽导纱轮底部穿过，通过浆槽、刮浆板和压浆轮（无压浆轮时，无此项）以及吸水海绵；把纱线绑紧在烘房绕纱转笼最左端的固定螺母上；按下单锭控制盒上的绕纱键，使设备运转；当纱线运行至转笼设定圈数时，转笼会自动停车；找出纱线头并从排线最右边牵出，通过导纱瓷轮、断纱检测器，再经滚筒机构卷绕在筒子上。

g. 将浆液倒入浆槽中，使浆液没过压棍下的纱线。

h. 打开主控面板中的排湿开关、烘房开关、浆槽温控仪中的浆槽开关。

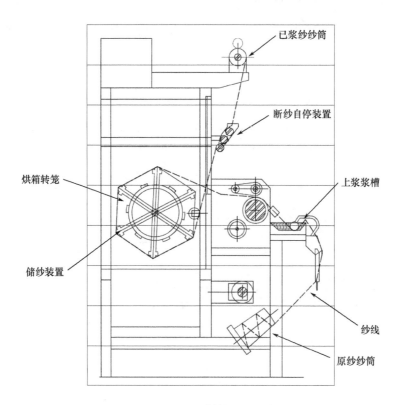

图2-2-25　GA392型电子式单纱上浆机的纱线走向示意图

i. 放下烘房门。等待烘房温度和浆槽温度到达设定温度。

j. 按下绕纱按钮，使机器运转，开始正式上浆。

②注意事项。

a. 上浆过程中，因为各种原因会出现纱线断头等故障。当纱线断头时，机器应该马上停车。停车后，仔细检查纱线走向和各部件位置状态、连接纱线，并调整好张力，再次开车运行。

b. 为了避免被烫伤，浆纱实验过程中切忌在高温时将手直接伸入烘房操作。

（4）常见故障分析。GA392型电子式单纱上浆机的常见故障及其成因与排除方法见表2-2-4。

表2-2-4　GA392型电子式单纱上浆机常见故障分析

编号	故障现象	故障原因	排除方法
1	烘箱温度上不去，造成纱烘不干	1. 温控仪不工作 2. 电磁阀不工作（蒸汽） 3. 蒸汽阀未打开（蒸汽） 4. 疏水阀不疏水（蒸汽） 5. 固态继电器损坏（电加热） 6. 加热电阻丝损坏（电加热） 7. 测温头位置不正确	1. 检测温控仪坏否，若坏则更换 2. 检测电磁阀坏否，若坏则更换 3. 检查气压，打开蒸汽阀 4. 清理疏水阀 5. 更换固态继电器 6. 修复或更换电阻丝 7. 调整好测温头位置
2	浆桶温度上不去	1. 固态继电器损坏（电加热） 2. 加热电阻丝损坏（电加热） 3. 测温头位置不正确	1. 更换固态继电器 2. 修复或更换电阻丝 3. 调整好测温头位置
3	浆泵不输浆	1. 浆泵空气过多 2. 浆泵不运转 3. 浆泵皮带断裂	1. 排气 2. 检修浆泵，使其正常运转 3. 更换皮带
4	变频报警		按照变频器说明书检修
5	开机后无电源		1. 检查三相进线 2. 检查电器箱内三相短路器是否断开
6	计长仪不计长	控制盒损坏	更换
7	常断纱	纱线张力不均	调整纱线松紧度，使张力适中
8	纱上不上浆或太少	1. 纱线未过浆槽 2. 刮浆海绵浸浆位置太高 3. 刮浆海绵失效 4. 浆料配方有误	1. 使纱线过浆槽 2. 调整刮浆海绵浸浆位置 3. 更换刮浆海绵 4. 检查浆料配方
9	纱上有浆皮	纱线通道不清洁，有浆皮	常清洁纱线通道

（5）工艺设计与应用实例——黏胶纱上浆工艺。

纱线原料：14.62tex黏胶纱。

浆料配方：化学浆料聚乙烯醇（PVA）、淀粉、变性淀粉按一定比例混合（重量比1∶1∶1）。

烘箱温度：60～80℃。

浆槽温度：50～60℃。

浆纱速度：35～40r/s。

操作步骤：

a. 打开电源，主控面板的"电源指示"亮起。

b. 设定排湿时间和排湿延时，面板下方为按钮设定，上方显示设定值。其中最右排的按钮H、M、S分别代表小时、分钟、秒。此例中将排湿时间设为20s，排湿延时设为80s。

c. 在浆槽温控仪中设定浆槽预定温度。此例中需将浆槽温度设为50℃，在浆槽温控仪中按"SET"，再按"↑"或"↓"调节设置，直到调至理想值为止。

d. 在主控面板中设定烘房预定温度（下一行），会显示当前实际温度（上一行）。此例中需将烘房温度预设为50℃，在烘房温控仪中按"SET"，再按"↑"或"↓"调节设置，直到调至理想值为止。

e. 在单锭控制盒中设定转笼绕纱圈数（图2-2-26）。先按"←"，同时按下"复位"键，当"绕纱"下方的指示灯亮起时，再松开"复位"键，看显示器上的数字，按"←""↑"及"清零"调整到设定数字（一般设为320圈），最后再按"复位"。

f. 在单锭控制盒中设定绕纱长度。先按"↑"，同时按下"复位"键，当"定长"下方的指示灯亮起时，再松开"复位"键，看显示器上的数字，按"←""↑"及"清零"调整到设定数字（一般设为320圈），最后再按"复位"。

g. 根据"操作规程"中的步骤放置纱线。

h. 将浆液倒入浆槽中。

i. 打开主控面板中的排湿开关、烘房开关、浆槽温控仪中的浆槽开关。

j. 当烘房和浆槽达到预定温度时，在单锭控制盒上按"绕纱"按钮，使机器运转。

图2-2-26 单锭控制盒

k. 机器运行中，在单锭控制盒上按"←"，显示当前车速；按"↑"显示当前到达的长度。下方的旋钮可调节车速。

2.2.4 整经机

（1）设备型号与主要用途。

①设备型号。SW550硕奇小型整经机，设备外观如图
2-2-27。

②主要用途。整经是按照工艺设计的要求，将一定根
数的经纱按规定的长度和幅宽排列顺序，以均匀的张力平行
卷绕在织轴上的工艺过程。整经工序使经纱卷装由络筒筒
子变成经轴或织轴。SW550硕奇小型整经机可用于制作小样
织布打样机所需的经轴，由电脑控制配合人员操作，可生
产出最多可设置8种颜色的纱线、最宽达50.8cm宽度的短码
经轴。

图2-2-27　SW550硕奇小型整经机外观

（2）基本结构与工作原理。

①基本结构。SW550硕奇小型整经机由机械硬件部分和控制部分组成（图2-2-28）。
机械硬件部分由电源开关、紧急停止开关、绕纱筒、纱架、电控箱、经轴等组成。
控制面板部分由工作桌面、LCD屏幕、倒轴速度控制面板、倒轴张力控制面板等组成。

②工作原理。SW550硕奇小型整经机是单纱整经设备。整经机在启动时，导纱杆会回
到初始位置，使用者将经纱放置好，绕纱筒开始转动整经，导纱杆会自动移动到设定的位
置，整经的过程是全自动的，断纱时会自动停车，在整完一个颜色或纱种后，电脑会指示

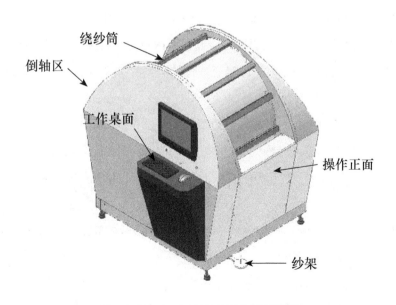

图2-2-28　SW550硕奇小型整经机侧视图

换色，机器依指示换纱重复前述步骤，至完成所有的整经动作，最后倒轴将绕纱筒上的纱线倒到经轴上（操作流程如图2-2-29所示）。

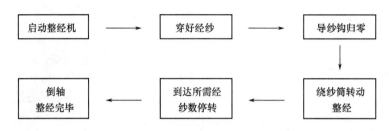

图2-2-29　SW550硕奇小型整经机操作流程图

（3）操作规程与注意事项。

①操作规程。

a. 依照经纱排列设计将所需种类的经纱筒子和经轴准备妥当。

b. 在完成整经准备工作之后，启动整经机主电源，系统会启动电脑，同时使所有传动设备处于准备状态。

c. 在Windows XP的桌面上找到Pretronic的图标双击，进入整经机操作系统画面（图2-2-30）。

d. 读取整经文件：读取Sedit2产生的SF2文件（Sedit2编辑程序的使用方法请参考设计应用实例），开启文件有两种方式。

第一种方式为在菜单栏用鼠标点选"File"（文件），点击"Open File"（开启文件），直接开启预设的文档浏览器，找到并选择所需文件完成读取工作。

第二种方式为直接在设计系统界面中浅蓝色框内点击鼠标左键打开文件。

e. 在开启整经文件后，必须先设定经轴相关资料，如总条数、经纱幅宽等相关资料，各参数说明如下。

Total Ends（总条数）：输入全部整经的条数（预设为2400条）；

Width（经纱幅宽）：输入经纱幅宽，单位为cm（预设为20英寸，即50.8cm）；

Start Posi（整经起点）：设定开始整经与横动电动机（M2）归零点相对的位置，单位为cm；

Add 1 Roll Nr.（加圈条数）：设定同一色经纱与经纱间的间距，超过所设定条数时，整经时系统会自动加一圈，缺省为0。

f. 在相关参数设定完成后，系统即处于准备状态，即可依序按下"Start"（开始）及"ORG"（归零）按钮，使整经导纱眼M1（纵向）、M2（横向）归零。

g. 完成机械动作归零后，将经纱置放在整经准备位置，将纱头依序穿过纱架、整经导纱眼并绑定在绕纱筒固定钩上。

h. 完成经纱准备工作后即可点击"Run"（启动按钮），开始整经。

i. 当整经完毕后，点击"Push Out"（倒纱）按钮，系统会切换操控位置，操作者即可至整经机后方进行倒纱工作。

j. 倒纱完毕后，卸除经轴，并关闭整经机工作系统操作程序及电源开关，完成整个整经过程。

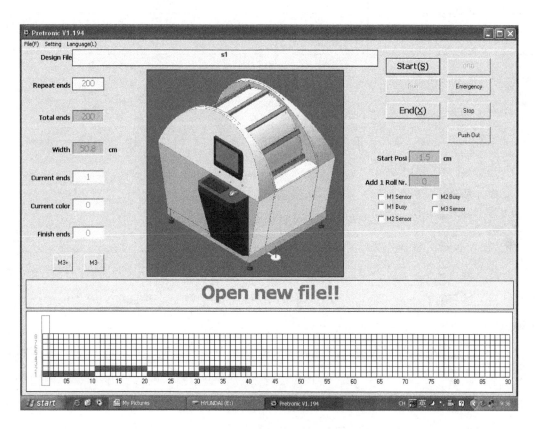

图2-2-30　整经机Pretronic操作系统画面

②注意事项。

a. 使用SW550硕奇小型整经机进行整经实验时切记注意安全，女生需将长发盘起或戴帽后才能操作，严禁在整经机运行时接触绕纱筒和纱线。

b. 当经纱排列设计超过一种以上，系统会在第一种经纱整经完毕后，依序指示更换经纱。操作者只需在系统停机、指示更换经纱时，置换下一次序的经纱后，再点击"启动按钮"即可。

c. 若整经过程中有断经情况发生则整经机会自动停机，整经筒会自动回归到起始位置，待整经机处于完全停止状态后，操作者才可执行断纱处理，再次启动即可。

d. 依照倒纱程序将绕纱筒的纱倒至经轴时，可调整张力控制旋钮，以达到所需张力。

（4）常见故障分析。SW550硕奇小型整经机的常见故障及其处理方法见表2-2-5。

表2-2-5　SW550硕奇小型整经机常见故障分析

编号	故障现象	处理方法
1	意外断电或电脑死机	所有人员离开操作区域，并关闭电源，再剪除所有纱线，检查机件有无受损，然后再重新开启电源，才依次使各电动机归零，再依正常程序操作
2	运行中纱线相互纠缠	按下紧急停止开关，剪除纱线，检查机件有无受损，若无受损则重新依正常程序操作

（5）工艺设计与应用实例——小样整经工艺。

①纱线原料。13.3tex低弹网络丝。

②整经工艺设计。共2000根经纱，两种颜色，甲经：乙经=10：10。先排列一种颜色10根，再排列另一种颜色10根，如此循环。

③操作步骤。

a. 打开电源，启动整经机和Windows XP操作系统。

b. 在Windows XP操作系统桌面上打开SEdit后，点击菜单栏的"档案"，选择"开新档案"即会出现对话框（图2-2-31），要求输入新设计纹板梭数、新设计的纬纱排列数及经纱排列数，上述资料有不需要的可设为0，本例中只将经纱排列数设为2000，意为设定整经经纱数2000根。

c. 然后点"确认"进入设计图纸界面，点选菜单中的画笔工具，在底部经纱排列示意图中连续画点（图2-2-32）。第一排10个点意为第一种颜色纱线整经10根，第二排10个点意为第二种颜色纱线整经10根，如此循环。SW550硕奇小型整经机最多可设置8种颜色的纱线。在完成设计后，选"SAVE"保存，后缀名为SF2。

图2-2-31　SEdit软件启动对话框

d. 打开Pretronic程序，进入整经机操作界面，打开在SEdit中编辑产生的SF2文件，必须先设定经轴相关资料，如总条数、经纱幅宽等相关资料（图2-2-33），此例中整经起点为1.5cm。

e. 在相关参数设定完成后，依序按"Start"（开始）及"ORG"（归零）按钮。待整经机M1、M2机械归零完成后，将经纱放置在整经准备位置，纱线依序穿过纱架、张力装置、整经导纱眼并绑定在绕纱筒最左端的固定螺栓上（图2-2-34）。

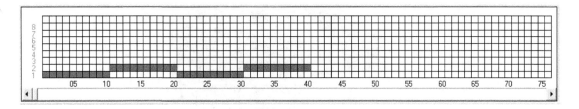

图2-2-32 在SEdit软件中设计经纱排列方式

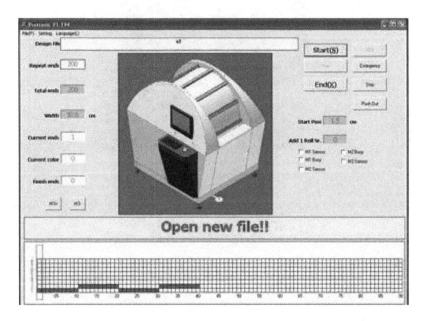

图2-2-33 在Pretronic程序中设置参数

f. 完成经纱准备工作后点击"Run"（启动按钮），开始整经。当有多种经纱时，在一种经纱整经完毕后，系统停机指示更换经纱，操作者置换好下一次序的经纱后，再点击"Run"即可。

g. 当整经完毕后，点击"Push Out"（倒纱）按钮，系统会切换操控位置，操作者即可在整经机后方进行倒纱工作。在倒纱时，先将压板安装在绕纱筒上，牢固固定经纱。在经轴上绑好卷绕布，然后小心横剪，将经纱分几簇牢牢绑定在卷绕布上（图2-2-35）。启动整经

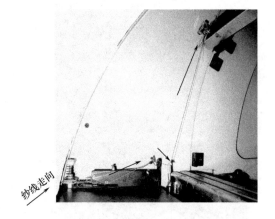

图2-2-34 经纱在SW550硕奇整经机上穿法示意图

机后方的卷绕按钮，经轴慢慢卷绕经纱。经轴倒纱完成后，外拉经轴左侧的拉梢卸除经轴，并关闭整经机界面操作程序及电源开关，完成整个整经过程。

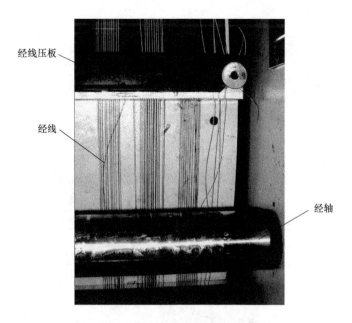

经线压板

经线

经轴

图2-2-35　倒纱时整经机的后部图示

2.3　小样织布机

2.3.1　半自动小样织布机

（1）设备型号与主要用途。

①设备型号。SGA598型半自动小样织布机。设备外观如图2-3-1所示。

②主要用途。SGA598型半自动小样织布机用于试织以棉、毛、丝、麻、化学纤维等为原料的小样织物。SGA598型半自动小样织布机规格为50.8cm（20英寸），配置16片综框，每片综框最多可安装280~300根综丝。最大门幅可织48cm，钢箱有50号、100号、120号、135号等规格，纬密采用手动控制。

（2）基本结构与工作原理。

①基本结构。SGA598型半自动小样织布机由控制部分（触摸屏）和机械部分组成。控制部分采用PLC控制，机械部分由气动元件、电气元件组成。

图2-3-1　SGA598型半自动小样织布机实物图

半自动小样织布机后部结构如图2-3-2所示，半自动小样织布机前部结构如图2-3-3所示。

图2-3-2　SGA598型半自动小样织布机后部

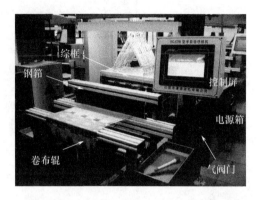

图2-3-3　SGA598型半自动小样织布机前部

②工作原理。SGA598型半自动小样织布机由控制部分（触摸屏）和机械部分组成。控制部分采用PLC控制，机械部分由气动元件、电气元件组成。本小样织机在提综开口时由电脑控制自动完成，引纬、打纬、送经、卷取则需由手动完成。

工作时，先在控制器中输入纹板图，小样织机在织每一纬时自动提升综框，形成开口。此时由操作者用织梭引入纬纱，引纬后手动将钢箅前扳，完成打纬，同时织机自动根据下一梭纹板提升综框，形成开口，如此循环进行织造。

（3）操作规程与注意事项。

①操作规程。

a．穿经、过箅。在摇纱器上摇取所需数量的经纱，理清绑紧在织机后方的绞纱布条上。如有较多经纱，则分成数股，分别绑在绞纱布条上。在织样机上进行穿经，一般留取前两片综框穿边经，第三片综框开始穿布身经纱。穿综完毕后开始穿箅，待穿箅完成后，梳理好经纱，分成两股分别绑在织机前方卷布辊上的绞纱布条上。

b．纬纱上机。按织造工艺确定的纬纱原料，分别将各品种的纬纱用绕纬器绕在红色塔形织梭上。

c．开机/启动。检查并确认织机开口、打纬各相关机件的运动在其动程范围内没有异常阻碍后，按如下步骤启动织机：打开电源进入触屏控制界面主画面（图2-3-4）进行操作。

按"编辑纹板"键进入"书写纹板画面"进行工艺设定。根据纹板图，先设定行数，即纹板块数。再根据每块纹板的组织点在相应位置点击，红色圆圈（图中为深色）代表经组织点，如图2-3-5所示。

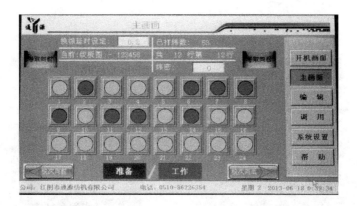

图2-3-4　SGA598型半自动小样织布机触屏控制界面主画面

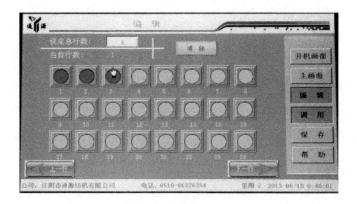

图2-3-5　编辑纹板

设定完成后按"保存"键，如图2-3-6所示，设置文件名，按"保存至纹板"结束保存，按"主画面"返回主画面。

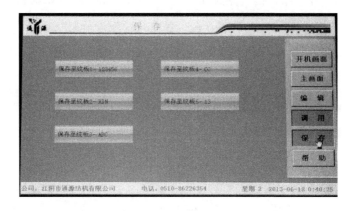

图2-3-6　保存已编辑纹板

按"调用"键进入调用界面选择所需的纹板图。

d. 在主画面的左下角切换成"工作"状态，手动打纬后，综框自动提升，将装有纬纱的织梭穿过开口，再手动扳动钢筘进行打纬。打纬完毕后，综框根据下一纹板自动提升，扳回钢筘形成开口，准备织下一纬，如此循环。

e. 织造结束后，用剪刀剪断经纱，取下织物，修剪两侧布边，对织物进行适当的整理。

f. 拔出气阀，综框全部下降，再关闭电源。清理好遗留在织机上的纱线。

g. 经、纬纱张力调整。在织造过程中发现经纱张力过大或过小，可以摇动织机前部右侧的手柄，调节转动经轴。顺时针摇动手柄，经轴后转，经纱开始绷紧，经纱张力变大；逆时针摇动手柄，经轴前转，经纱放松，经纱张力变小。也可以向前转动织机前部的卷布辊，使经纱张力变大，织口前移。

②注意事项。

a. 在打纬及投纬机械运作区域内，织造时手勿伸入，以避免被钢筘打到；若有需要调整非要伸入，请先将气阀松开，再小心操作。

b. 手勿伸入电动机皮带卷取处，以防止意外发生。

c. 非初始状态，请勿做接纱、穿筘等其他动作，以免发生危险。

d. 织机更换品种上机过程中，把工作状态调为准备档。

e. 机器、电器发生故障，应停机请专业技术人员修理，不得擅自乱动。

（4）常见故障分析。SGA598型半自动小样织布机常见故障见表2-3-1。

表2-3-1　SGA598型半自动小样织布机常见故障分析

编号	故障现象	故障原因	解决方法
1	梭口不清	经纱张力过小	可以调节后梁的高度，后梁向上移，开口的下层张力变大；后梁向下移，开口的下层张力变小，上层张力变大
2	个别综框不动	1. 气缸节流阀关闭 2. 连结杆位置改变 3. 电磁阀或气缸损坏	1. 检查该综框的气缸节流阀 2. 断掉气源，提起综框，微调节连结杆，检查该综框的电磁阀灯是否亮 3. 调换螺丝
3	无法完成正常工艺的纬密设定值	打纬力不够	增加打纬力度
4	钢筘摆动不到位	1. 异物阻碍 2. 交织阻力过大	1. 排除异物 2. 设置多次打纬
5	钢筘活动	固定钢筘的螺丝松动	把钢筘架上的螺丝紧固
6	经纱上机张力不稳定	经纱没有栓牢	栓牢经纱

（5）工艺设计与应用实例——双层飞鸟纹样小样试织。

①实验原料。经纱133.3dtex有色涤纶丝，纬纱133.3dtex有色涤纶丝。

②操作步骤。

a. 根据设计意匠图画上机图，如图2-3-7所示。

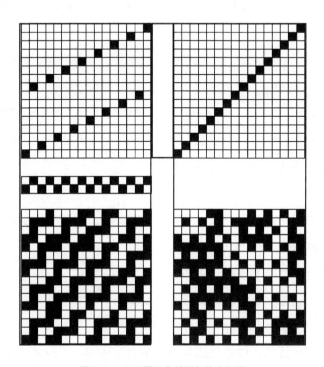

图2-3-7　双层飞鸟纹样织物上机图

图2-3-8　半自动小样织机后部经纱

b. 根据工艺规格计算出所需经纱根数、钢筘筘号等。门幅30cm，经密14根/cm，钢筘一筘一穿，因此可得经纱总根数420根，选用140号钢筘。经纱为双色经，经纱排列比1∶1；纬纱有两种色纬，纬纱排列比为1∶1。

c. 根据上文操作规程步骤，进行整经、穿综、过筘，完成后如图2-3-8所示。

d. 启动半自动小样织机，根据上机图将纹板图按上文操作规程步骤输入半自动小样机控制器中。完成后如图2-3-9所示。

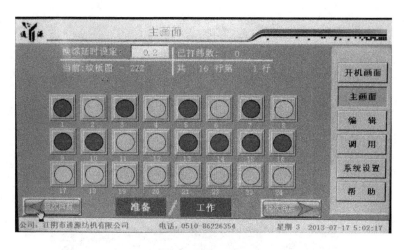

图2-3-9　输入纹板图

e. 将两种色纬的纬纱原料分别卷绕到两管纬纱管中，根据上文操作规程步骤开始织造。纬纱排列比为1：1，即织一纬一种颜色的纬纱后，换另一颜色纬纱织一纬，如此重复直至织到所需的织物长度。实物如图2-3-10所示。

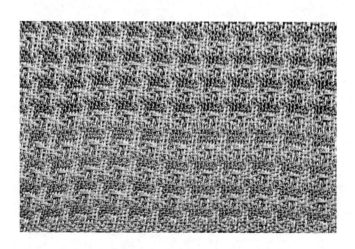

图2-3-10　小样织物实物图

f. 织造结束后，用剪刀剪断剩余经纱，取下织物，修剪两侧布边，对织物进行适当的整理。拔出气阀，综框全部下降，再关闭电源，清理好遗留在织机上的纱线工具后完成实验。

2.3.2　全自动小样织机

（1）设备型号与主要用途。

①设备型号。SGA598型全自动小样织机。设备外观如图2-3-11所示。

图2-3-11　SGA598型全自动小样织机实物图

②主要用途。SGA598型全自动小样织机用于织造素织物和小提花织物，该设备适用于棉、毛、丝、麻、化学纤维产品的织造。SGA598型全自动小样织机的经纱上机长度、机梭形状尺寸与新型剑杆织机等比例缩放，保证了经纱张力、经纱伸长率与剑杆织机大体一致，而且运用了与新型剑杆织机许多相同的上机工艺参数调整方式，所以打样品质控制得非常精密。

（2）基本结构与工作原理。

①基本结构。SGA598型全自动小样织机由控制部分与机械部分组成。控制部分采用PLC和工控机控制，机械部分由气动元件、接近开关、步进电机等组成，全机由提综机构、引纬机构、打纬机构、卷取机构、送经机构、自动选纬机构、纬纱断头自停机构以及电气控制机构等完成织物的织造。SGA598型全自动小样织机的机械部分分别由高压空气和步进电机驱动。

②工作原理。SGA598型全自动小样织机的运作流程如图2-3-12所示。在启动织样机时，织机会先执行第一梭的开口动作以清除引纬路径上可能残留的纬纱。接下来，织机依次执行开口、引纬、选色、剪纬、打纬以及卷取的动作。

SGA598型全自动小样织机的操作面板上共有12种功能按钮（图2-3-13）。其中慢车分为单步与循环，寻纬分为向上与向下，卷取/送经电机控制分为前进与后退。以下分别介绍每种控制按钮的功能。

a. 电源总开关。位于面板右上方的两档开关。开启电源不仅启动电脑，而且所有用电设备处于准备状态。

图2-3-12　织机运作流程示意图

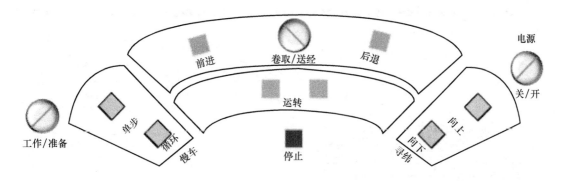

图2-3-13　SGA598型全自动小样织机的操作面板

b. 工作/准备开关。位于面板左下方的两档开关。将开关旋转到准备状态时，除了面板上方前进、卷取/送经、后退按钮起作用，其余按钮均不起作用。

c. 慢车。分为单步按钮与循环按钮。单步按钮，位于面板左下方形框内。当织样机处于停止状态时，每按一次该按钮，织机执行下一个动作。循环按钮，位于面板左下方形框内。当织样机处于停止状态时，每按一次该按钮，织机执行下一个循环动作。

d. 寻纬。分为"向上"按钮与"向下"按钮，可实现向前向后找寻断纬。向上按钮位于面板左边方形框内，当织机处于停止状态时，每按一次该按钮，织机的相应综框回到上一梭的状态。向下按钮位于面板左边方形框内，当织机处于停止状态时，每按一次该按钮，织机的相应综框回到下一梭的状态。

e. 卷取/送经。分为前进按钮、后退按钮及卷取/送经两档开关。"前进"按钮位于面板中间上方形框内。当织机处于准备状态时，将卷取/送经两档开关选择为卷取或送经，每按一次"前进"按钮，织机的卷取或送经即正转一次。"后退"按钮位于面板中间上方形框内。当织机处于准备状态时，将卷取/送经两档开关选择为卷取或送经，每按一次"后退"按钮，织机的卷取或送经即反转一次。

f. 运行按钮。位于面板中间的并排的绿色按钮。当织机处于停止状态，并且上次的循环已经完成时，同时按住该两个按钮，织机立即连续运转。

g. 停止按钮。位于面板中间下方的红色按钮。按下停止按钮后织机处于停止状态，此时可进行慢车寻纬运转等功能的操作。

③软件操作说明。SGA598型全自动小样织机的控制界面可分为功能区、显示区（图2-3-14）。

④织造参数显示。

a. 当前纹板图。你所打开的纹板图所存放的目录。

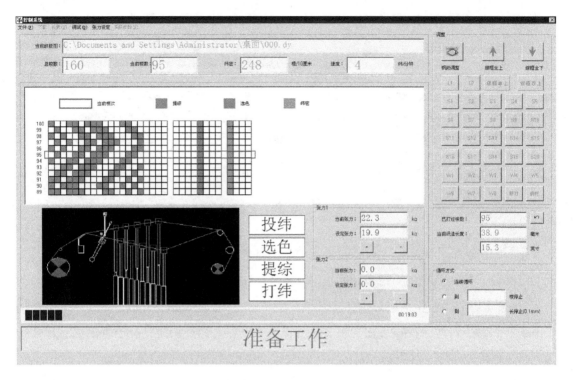

图2-3-14　SGA598型全自动小样织机的控制界面

b. 总梭数。此处显示的为纹板图的总梭数，此值不可修改。

c. 当前梭数。此处显示的是当前织机对应的梭数，可以通过设定该值从而达到快速寻纬的目的。

d. 纬密。此处显示的是当前织造的纬密。

e. 速度。此处显示的是在当前1min织机总共打过的纬数。

f. 织造步骤显示。显示织机织造的步骤，一个织造循环为投纬、选色、打纬、提综四个步骤，绿色就为当前完成的步骤。同时还可以很直观地看见开口情况、选色情况。

g. 织造进度显示。该区域包含一个进度条和一个时间显示，进度条可动态显示出织机当前打样完成的情况。从打开一个新的纹板图，时间就从0开始记时，从而知道打完该样所花费的时间。

h. 织造状态显示。时刻提示织机的工作情况，提示织机停机的原因。

i. 织机操作。在织机停止且"工作/准备"两档开关选择为准备状态时起作用。鼠标点击"卷取"，此时控制卷取电机；鼠标点击"送经"，此时控制送经电机。鼠标指向"前进"按钮，按下鼠标左键，卷取和送经电机开始前进，释放鼠标，停止前进。鼠标指向"后退"按钮，按下鼠标左键，卷取和送经电机开始后退，释放鼠标，停止后退。

j. 长度显示。显示当前织造的长度，此显示为实时的显示，并显示对应的公制和英制；后面的按钮为清零按钮，可以把累计的长度归零，并重新计长。

k. 织机调整。在织机停止并且"工作/准备"两档开关选择为准备状态时起作用。

l. 消除车痕。点击该按钮，按钮会变红色同时钢筘停在前方，以方便接断经，再点击该按钮，按钮会变白色同时综框复位。

m. 综框全上。点击该按钮，按钮会变红色同时综框全部向上，作用是上机时调整经纱张力和方便接断经，再点击该按钮，按钮会变白色同时综框复位。

n. 综框全下。点击该按钮，按钮会变红色同时综框全部向下，作用是上机时调整经纱张力和方便接断经，再点击该按钮，按钮会变白色同时综框复位。

o. 综框单上。点击该按钮，按钮会变红色同时综框为单数的全部向上，作用是上机时调整经纱张力和方便接断经，再点击该按钮，按钮会变白色同时综框复位。

p. 综框双上。点击该按钮，按钮会变红色同时综框为双数的全部向上，作用是上机时调整经纱张力和方便接断经，再点击该按钮，按钮会变白色同时综框复位。

q. L1~L2。点击该按钮，按钮会变红色同时绞边综框向上，作用是上机时调整经纱张力和方便接断经，再点击该按钮，按钮会变白色同时综框复位。

r. S1~S20。点击该按钮，按钮会变红色同时对应的综框向上，作用是上机时调整经纱张力和方便接断经，再点击该按钮，按钮会变白色同时综框复位。

s. W1~W8。点击该按钮，按钮会变红色同时对应的选色器伸出，作用是上机时调整选色器力度和方便接断纬，再点击该按钮，按钮会变白色同时选色器复位。

t. 剪刀。点击该按钮，按钮会变红色，同时剪刀动作，作用是调整剪刀的力度，再点击该按钮，按钮会变白色同时剪刀复位。

u. 箭杆。点击该按钮，按钮会变红色同时剑杆伸出，作用是调整的剑杆力度，再点击该按钮，按钮会变白色同时剑杆复位。

（3）操作规程与注意事项。

①操作规程。

a. 整经、穿经。将已整好的经轴固定在织机后方，在织样机上进行穿经。当采用机上穿经时，经纱后部系于织轴上，经纱前部梳理整齐后卡到卷布辊上的卡纱槽内，调整好经纱张力，并使经纱张力均匀即可。

b. 纬纱上机。按织造工艺确定纬纱排列顺序，分别将各品种的纬纱依次穿过断纬自停装置和选纬装置的导纱瓷眼，引入钳纬器。

c. 开机/启动。检查并确认织机开口、选纬、引纬、打纬各相关机件的运动在其动程范围内没有异常阻碍后，请按如下步骤启动织机：接通织机外供气源、电源；打开位于织机控制柜内的总电源开关；按动位于控制柜侧面的计算机启动按钮启动计算机，此时按钮旁边的计算机启动指示灯亮；待计算机启动后，打开织机操作面板上的电源旋钮开关，给织机接通电源，此时电源旋钮开关上方的织机电源指示灯亮；双击计算机桌面上的小样机系统快捷图标，运行控制软件；输入织造参数或打开已有的织造文件；按动织机操作面板上的启动按钮，织机启动并开始织造。

d. 停车。可用鼠标点击计算机屏幕上的停止按钮，或者按织机操作面板上的停止按钮。

e. 经纬纱张力调整。在织造过程中发现经纱张力过大或过小，可以调节后梁的高度，后梁向上移，开口的下层张力变大；后梁向下移，开口的下层张力变小，上层张力变大。在织造过程中若发现纬纱张力过大或过小，调整断纬自停装置上张力盘上的螺母，即可使纬纱张力达到适中。

f. 断头处理。经纱断头时，因没有经纱断头自停机构，需要及时停车，把按钮打在准备状态，关掉气源，此时织机箱座处在前止点位置，综框处在综平位置，接好经纱断头后继续开车织造。纬纱断头时，机器因带有纬纱断头自停机构，会自动停车，将断纬重新穿好并固定在锁边器处，启动织机继续织造。如未及时发现，可以按"向上"直到处理好纬纱断头，织机才会重新引这一纬，继续织造。

g. 了机。织造结束后，用剪刀剪断经纱，取下织物，修剪两侧布边。把按钮打在准备状态，关闭织机操作面板上的电源旋钮，关闭计算机，最后关闭空压机。

②注意事项。

a. 在打纬及投纬机械运作区域内，织造时手勿伸入，以避免遭机器打到；若有需要调整非要伸入请先将紧急停止开关按下，再小心操作。

b. 手勿伸入电动机皮带卷取处，以防止意外发生。

c. 非初始状态，请勿做接纱、穿筘等其他动作，以免发生危险。

d. 织机关机时，必须严格按照关机程序操作，即先退出织造程序，再关闭计算机。

e. 上机过程中织机更换品种，则把工作状态放在准备档。

f. 机器、电器发生故障，应停机请专业技术人员修理，不得擅自乱动。

g. 不要在控制电脑上安装其他软件。

（4）常见故障分析。SGA598型全自动小样织机常见故障，见表2-3-2。

表2-3-2 SGA598型全自动小样织机常见故障分析

故障现象	故障原因	排除方法
梭口不清晰	1. 提综时经纬纱线的位置不合适 2. 经纱张力过小 3. 胸梁太高	1. 调整后梁和胸梁的高低位置 2. 加大经纱张力 3. 降低胸梁位置
个别综丝不起	1. 电磁阀或小线路板损坏 2. 综丝穿线不正确 3. 花形不正确	1. 更换 2. 重新穿 3. 更换
起综丝的速度不一致	机械机构有故障	认真调节机械机构
绞边绞不住边纱	1. 绞纱张力太小 2. 磁性绞边损坏	1. 拉紧绞边，调大张力 2. 换磁性绞边
引纬剑进退不到位	1. 异物阻碍 2. 引纬气缸开关松动 3. 剑杆的润滑程度不够	1. 排除阻碍 2. 调节开关位置并紧固 3. 在剑杆上加适量的润滑剂
剪纬过早或过晚	剪纬磁开关的位置不正确	向前或者向后适当调整磁开关的位置
纬线不进鸭嘴	1. 最左侧绞边位置不对 2. 选纬器位置不对 3. 鸭嘴的高度不对	1. 将绞边放在钢箱的最左侧 2. 适当降低选纬器的高低 3. 改变鸭嘴的高度
没有剪纬信号，磁开关不亮	1. 剪纬磁开关松动 2. 剪纬磁开关损坏	1. 固定磁开关在适当的位置 2. 更换新的磁开关
纱线带入梭口	1. 最右边绞边的位置不正确 2. 右边绞边的数太少	1. 将右边的绞边向右移 2. 增加三道绞边
小样的两侧有纬缩	1. 没有安装绞边 2. 纱的弹力过大，绞边数不够	1. 安装规定的四组绞边 2. 在右边适当位置加入一两组绞边或者适当向后移动剪纬磁开关
钢箱摆动不到位	1. 异物阻碍 2. 打纬气缸磁开关松动 3. 交织阻力过大	1. 排除异物 2. 调整磁开关位置并紧固 3. 设置多次打纬
钢箱活动	固定钢箱的螺丝没有顶死	把钢箱架上的六角螺丝顶死
卷取一直前进	1. 系统参数为零 2. 纬密1和纬密2为零	1. 输入新的系统参数 2. 重新输入纬密

（5）工艺设计与应用实例——彩色格子织物小样试织。

①实验材料。经纱167dtex网络丝，纬纱167dtex FDY。

②操作步骤。

a. 设计好织造工艺参数，如经纬密、上机图、纬纱排列方式、经纱排列方式（图2-3-15）。配色模纹效果图如图2-3-16所示。

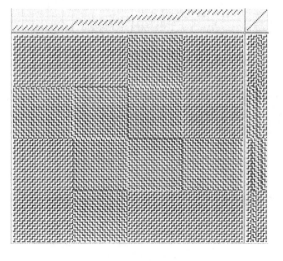

图2-3-15　上机图

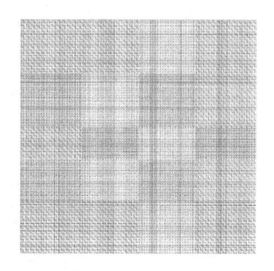

图2-3-16　配色模纹效果图

纱线颜色对应表：A: □ ； B: △ ； C: ⊠ ； D: ○

经纱排列方式为：（1B1A）×32，（1C1A）×8，（1D1A）×12，（1C1A）×8，（1B1A）×32

纬纱排列方式为：（1B1A）×24，（1C1A）×16，（1D1A）×12，（1C1A）×16，（1B1A）×24

b．按经纱排列方式和上机图在机上穿好经纱，穿过钢箱，将经纱梳理清晰，保持张力均匀，然后把经纱卡到卷布辊的卡纱槽内。操作"卷取/送经"，调整经纱张力。

c．打开织造控制台计算机，在桌面上双击进入"织样机电脑管理系统"（图2-3-17）；点击"打样图"菜单，点击工具栏的"铅笔"图标，在面板左侧区域绘制纹板图，显示绿色点表示经组织点；在面板中部区域绘制纬纱排列信息，如图所示蓝色点表示选纬器3与选纬器6交替选纬；在面板右部区域绘制纬密信息，如图所示紫色点表示纬密始终是"纬密1"中的值。面板下部可在各个纬密填选框中输入纬密值，单位为根/10cm。输入完成后点击"保存"，写入文件名（图2-3-18）。

SGA598型全自动剑杆织样机

电脑管理系统

Copyright(C)2010　江阴通源纺机有限公司

图2-3-17　织样机电脑管理系统

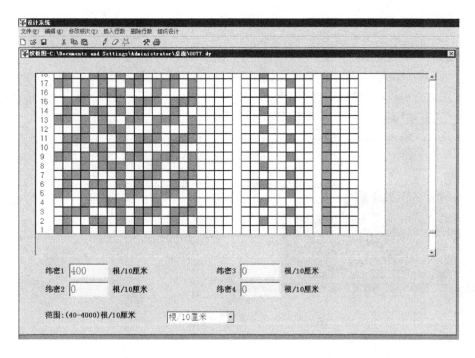

图2-3-18　编辑纹板图

d. 进入"织样机电脑管理系统"的控制系统，点击文件菜单，打开刚才设计好的纹板文件（图2-3-19）。再点击菜单中的"下载"，将纹板文件下载至织机中（图2-3-20），下载完成后准备织造。

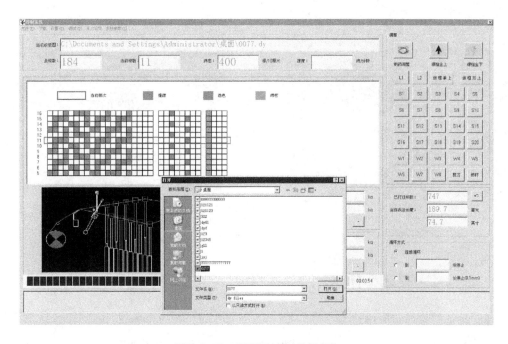

图2-3-19　打开设计好的纹板文件

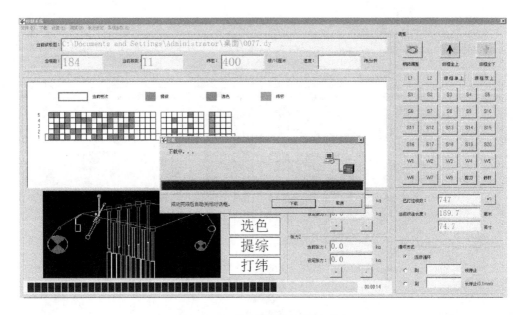

图2-3-20　将纹板文件下载至织机中

e. 检查并确认织机开口、选纬、引纬、打纬各相关机件的运动在其动程范围内没有异常阻碍后，打开织机操作面板上的电源旋钮开关。

f. 穿好纬线，将纬线穿过张力装置绕在正确的引纬器位置上，穿过钳纬器，打开织机操作面板上"工作"旋钮，检查开口是否清晰，做好织造准备。

g. 先按织机操作面板上的"单步"按钮织造，并在每次开口时检查经线是否提升完全，边线是否打进，纬线是否交接顺利；待织造顺利后，同时按下"运转"的两个绿色按钮进行连续织造。

h. 待织造到所需长度后，按下"停止"按钮，将织机操作面板上"工作"旋钮打至"准备"状态，关闭织机和计算机完成织造（图2-3-21）。

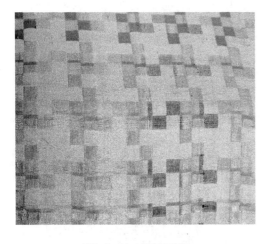

图2-3-21　织物实物图

2.3.3　全自动大提花小样机

（1）设备型号与主要用途。

①设备型号。SGA598型全自动大提花剑杆织样机，设备外观如图2-3-22所示。

图2-3-22　SGA598型全自动大提花剑杆织样机实物图

②主要用途。SGA598型全自动大提花剑杆织样机用于打样大提花织物，该设备适用于棉、毛、丝、麻、化学纤维产品的织造。SGA598型全自动大提花剑杆织样机所用的意匠文件采用浙江大学经纬的大提花辅助设计软件设计制作，它的经纱上机长度、机梭形状尺寸与新型剑杆织机等比例缩放，保证了经纱张力、经纱伸长率与剑杆织机大体一致，而且运用了与新型剑杆织机许多相同的上机工艺参数调整方式，所以打样品质控制非常精密。

（2）基本结构与工作原理。

①基本结构。SGA598型全自动大提花剑杆织样机由控制部分与机械部分组成。控制部分采用PLC和工控机控制，机械部分由气动元件、接近开关、步进电机等组成，全机由提花龙头、引纬机构、打纬机构、卷取机构、送经机构、自动选纬机构、纬纱断头自停机构以及电气控制机构等完成织机的五大运动。

SGA598型全自动大提花剑杆织样机的机械部分分别由高压空气和步进电机驱动。

②工作原理。SGA598型全自动大提花剑杆织样机的工作原理与Staubli电子提花机的基本提升原理相似。提花机的每一枚纹针都有一对固定钩3、4分别与运动钩5、6对应，固定钩上端对着电磁阀1，并连有两个弹簧2，两把提花劈刀7、8交替升降，交替上推两侧的运动钩5、6。在图2-3-23（a）中，当运动钩6被上推进入固定钩4的内侧时，固定钩4的下端稍被撑开，上端向电磁阀1靠压，此时如电磁阀放电，电磁阀1吸住固定钩4的上端（克服了弹簧2的弹力），使下端张开更大，运动钩不能与固定钩相扣，将随提刀8下降，动滑轮9不动。如果连续放电，另一侧情况相同，挂钩将一直处于下方不动，经纱不被提升，所得为纬组织点；在图2-3-23（b）中，当运动钩5的头端进入固定钩3的内侧后，由于电磁阀不放电，弹簧2会把固定钩上端推开，它的下端就钩住了运动钩5，但此时滑轮还在底部，只

有当另一侧提刀8带着运动钩6上升时，滑轮才随之上升，从而带动经纱提升，得经组织点，如图2-3-23（c）所示；如果后一纬经纱依然提升，电磁阀继续不放电，两个活动钩都将被钩住，两把提刀独自升降，如果后一纬此经纱不再提升，则电磁阀放电，提刀上升时使固定钩下端张开，运动钩将随之下降，如图2-3-23（d）所示。

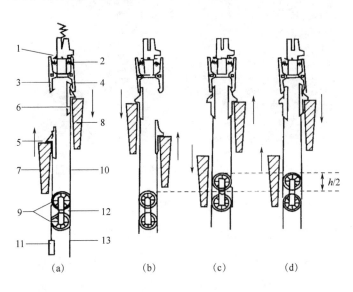

图2-3-23　SGA598型全自动大提花剑杆织样机的工作示意图

（3）操作规程与注意事项。

①操作规程。

a. 整经、穿经。将已整好的经轴固定在织机后方，在织样机上进行穿经。当采用机上穿经时，经纱后部系于织轴上，经纱前部梳理整齐后卡到卷布辊上的卡纱槽内，调整好经纱张力，并使经纱张力均匀即可。

b. 纬纱上机。按织造工艺确定的纬纱排列顺序，分别将各品种的纬纱依次穿过断纬自停装置和选纬装置的导纱瓷眼，引入钳纬器。

c. 开机/启动。检查并确认织机开口、选纬、引纬、打纬各相关机件的运动在其动程范围内没有异常阻碍后，请按如下步骤启动织机：接通织机外供气源、电源；打开位于织机控制柜内的总电源开关；按动位于控制柜侧面的计算机启动按钮启动计算机，此时按钮旁边的计算机启动指示灯亮；待计算机启动后，打开织机操作面板上的电源旋钮开关，给织机接通电源，此时电源旋钮开关上方的织机电源指示灯亮；打开龙头控制台开关，插上含有EP格式织造文件的U盘，并输入到龙头控制系统中；双击计算机桌面上的快捷图标，运行控制软件；输入织造参数或打开已有的织造文件；按动织机操作面板上的启动按钮，织机启动并开始织造。

d. 停车。可用鼠标点击计算机屏幕上的停止按钮，或者按织机操作面板上的停止按钮。

e. 经纬纱张力调整。在织造过程中发现经纱张力过大或过小，可以调节后梁的高度，后梁向上移，开口的下层张力变大；后梁向下移，开口的下层张力变小，上层张力变大。在织造过程中若发现纬纱张力过大或过小，调整断纬自停装置上张力盘上的螺母，即可使纬纱张力达到适中。

f. 断头处理。经纱断头时，因没有经纱断头自停机构，需要及时停车，把按钮打在准备状态，将织机箔座移至前止点位置，综框处在综平位置，接好经纱断头后复位箔座位置，继续开车织造。纬纱断头时，机器因带有纬纱断头自停机构，会自动停车，将断纬重新穿好并固定在锁边器处，启动织机继续织造。如未及时发现，可以按"向上"寻纬，直到处理好纬纱断头。

g. 了机。织造结束后，用剪刀剪断经纱，取下织物，修剪两侧布边。把按钮打在准备状态，关闭织机操作面板上的电源旋钮，关闭计算机，最后关闭气泵。

②注意事项。

a. 在打纬及投纬机械运作区域内，织造时手勿伸入，以避免遭机器伤害；若有需要调整非要伸入请先将紧急停止开关按下，再小心操作。

b. 手勿伸入电动机皮带卷取处，以防止意外发生。

c. 非初始状态，请勿做接纱、穿箔等其他动作，需要时先恢复为初始状态，以免发生危险。

d. 织机关机时，必须严格按照关机程序操作，先退出织造程序，再关闭计算机。

e. 织机更换品种上机过程中，把工作状态放在准备档。

f. 机器、电器发生故障，应停机请专业技术人员修理，不得擅自乱动。

g. 不要在控制电脑上安装其他软件。

（4）常见故障分析。SGA598型全自动大提花剑杆织样机常见故障见表2-3-3。

表2-3-3 SGA598型全自动大提花剑杆织样机常见故障分析

故障现象	故障原因	排除方法
梭口不清晰	1. 提综时经纬纱线的位置不合适 2. 经纱张力过小 3. 胸梁太高	1. 调整后梁和胸梁的高低位置 2. 加大经纱张力 3. 降低胸梁位置
个别综丝不起	1. 电磁阀或小线路板损坏 2. 综丝穿线不正确 3. 花形不正确	1. 更换 2. 重新穿 3. 更换
起综丝的速度不一致	机械机构有故障	认真调节机械机构
绞边绞不住边纱	1. 绞纱张力太小 2. 磁性绞边损坏	1. 拉紧绞边，调大张力 2. 换磁性绞边

故障现象	故障原因	排除方法
引纬剑进退不到位	1. 异物阻碍 2. 引纬气缸开关松动 3. 剑杆的润滑程度不够	1. 排除阻碍 2. 调节开关位置并紧固 3. 在剑杆上加适量的润滑剂
剪纬过早或过晚	剪纬磁开关的位置不正确	向前或者向后适当调整磁开关的位置
纬线不进鸭嘴	1. 最左侧绞边位置不对 2. 选纬器位置不对 3. 鸭嘴的高度不对	1. 将绞边放在钢筘的最左侧 2. 适当降低选纬器的高低 3. 改变鸭嘴的高度
没有剪纬信号，磁开关不亮	1. 剪纬磁开关松动 2. 剪纬磁开关损坏	1. 固定磁开关在适当的位置 2. 更换新的磁开关
纱线带入梭口	1. 最右边绞边的位置不正确 2. 右边绞边的数太少	1. 将右边的绞边向右移 2. 增加三道绞边
小样的两侧有纬缩	1. 没有安装绞边 2. 纱的弹力过大，绞边数不够	1. 安装规定的四组绞边 2. 在右边适当位置加入一两组绞边或者适当向后移动剪纬磁开关
钢筘摆动不到位	1. 异物阻碍 2. 打纬气缸磁开关松动 3. 交织阻力过大	1. 排除异物 2. 调整磁开关位置并紧固 3. 设置多次打纬
钢筘活动	固定钢筘的螺丝没有顶死	把钢筘架上的六角螺丝顶死
卷取一直前进	1. 系统参数为零 2. 纬密1和纬密2为零	1. 输入新的系统参数 2. 重新输入纬密

（5）工艺设计与应用实例——欧式提花窗帘小样试织。

①实验材料。经纱167dtex/48f网络丝，纬纱33.3tex FDY。

②操作步骤。

a. 在JCAD中做好意匠图和纹板图等文件（图2-3-24）。

(a) 意匠图　　　　　　　　　　　　　　(b) 纹板图

图2-3-24　JCAD中的意匠图、纹板图

b. 将纹板文件（.EP）存入U盘中，并把U盘插入提花龙头控制台的USB接口上（图2-3-25）。开启提花龙头控制系统，在主界面上点选"花样输入"，选择"U盘输入"，找到所需文件点"选中"并按"确定"；在主界面上点选"任务下达"，用"↑↓"键找到要织造的文件点"选中"，所选文件高亮，然后按"确定"；在主界面点选"开机生产"，提花龙头纹板输入操作完毕（图2-3-26和图2-3-27）。

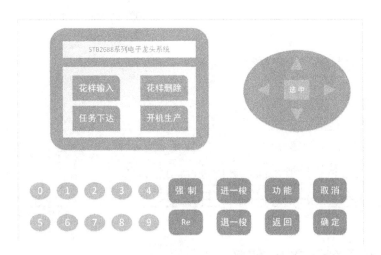

图2-3-25 提花龙头控制系统

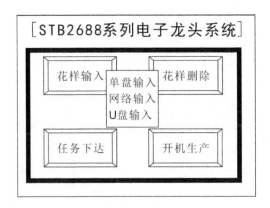

图2-3-26 提花龙头控制系统花样输入

图2-3-27 提花龙头控制系统下达生产任务

c. 打开织造控制台计算机，在桌面上双击进入"织样机电脑管理系统"（图2-3-28）；点击"控制系统"菜单，输入"纬密值"，此处"纬密值"指上机纬密，然后确定进入织造控制界面（图2-3-29）；点击"文件"菜单，打开所需的意匠文件（.xy），等待计算机载入文件，直到界面下方显示"准备工作"状态（图2-3-30）。

图2-3-28 织样机电脑管理系统图

图2-3-29 织样机电脑管理系统输入纬密

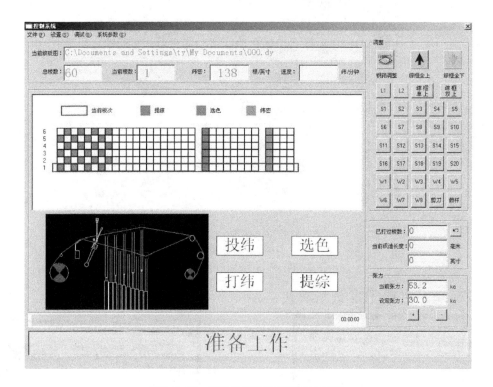

图2-3-30 织样机电脑管理系统准备织造

d. 检查并确认织机开口、选纬、引纬、打纬各相关机件的运动在其动程范围内没有异常阻碍后，打开织机操作面板上的电源旋钮开关。

e. 穿好纬线，将纬线穿过张力装置绕在正确的引纬器位置上，打开织机操作面板上"工作"旋钮，做好织造准备。

f. 先按织机操作面板上的"单步"按钮织造，并在每次开口时检查经线是否提升完全，开口是否清晰，布边是否打进，纬线是否交接顺利；待织造顺利后，同时按下"运转"的两个绿色按钮进行连续织造。

g. 待织造到所需长度后，按下"停止"按钮，将织机操作面板上"工作"旋钮打至

"准备"状态，关闭织机、提花龙头和计算机电源，完成织造（图2-3-31）。

图2-3-31　成品图

2.4　小样试织主要工具

2.4.1　剪刀

　　本实验室在进行织物取样时可用40cm（12寸）服装剪刀（图2-4-1），剪体采用优质碳钢制造，造型美观、手感舒适，使用轻便、剪切锋利，适用于裁剪布料。

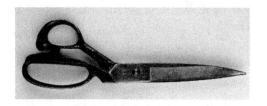

图2-4-1　剪刀实物图

　　在进行织物取样时，先选取离布边较远的布面，然后用直尺和笔描出10cm×10cm的正方形框，最后用剪刀剪出布样。

2.4.2　穿综钩

　　穿综钩又称通经钩，是手工及半自动穿经时将织轴上的经纱穿过经停片和综丝的工具（图2-4-2）。由钢钩和木制手柄组成，钢钩要求光洁，引纱眼要圆正，木柄表面光滑无裂痕。穿综钩常见为一柄一钩形式，根据织物组织特性，也有用一柄三钩或一柄四钩的，以提高工作效率。丝织常用外形较小的一柄一钩式穿综钩，在使用时，将穿综钩的钢钩穿入综丝的综眼，把经线搭扣入引纱眼，然后抽回钢钩，完成穿综动作。

图2-4-2 穿综钩

2.4.3 穿筘刀

穿筘刀是手工穿筘的工具，按工艺规定将每筘穿入的经纱顺次插过筘齿，由特殊外形的刀片、刀座及手柄组成。穿筘刀向下移动时，刀片的钩状缺口能将几根经纱引过筘齿，当其做上下往复运动时，由于刀片和双翼刀座间特殊的结构，使穿筘刀能在钢筘的筘片间自左向右横向移动，完成逐齿引纱的工作，有多种规格可供选用。穿筘除使用穿筘刀外，略先进的还有电磁吸铁驱动式穿筘刀片。

如图2-4-3所示为通用型穿筘刀，穿筘刀的结构是由筘柄、刀片、双翼刀座组成。

穿筘刀使用方法如下。

a. 先将穿筘刀挂在筘上，如图2-4-4（a）所示位置。

b. 此时将穿筘刀向上推，双翼刀座上的簧片插在筘齿片1的外侧，推到底后在刀片的挂纱口挂上纱线向下拉筘刀，完成后列筘片的引纱动作。

c. 此时穿筘刀即向右跳动一齿，如图2-4-4（b）所示位置。由于筘和筘刀的尺寸关系，穿筘刀继续向上推时，双翼刀座上的簧片插入下一齿片2的外侧。

d. 推到底挂上纱线完成前列筘齿片的引纱动作，而筘刀又继续向前移动到下一筘齿。这就是这种筘刀连续逐片穿筘的运动过程。

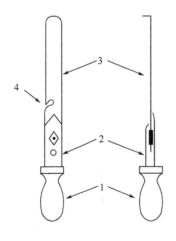

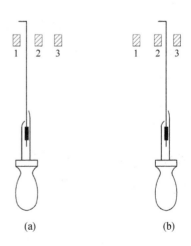

图2-4-3 穿筘刀正视图与侧视图
1—筘座 2—双翼刀座 3—刀片 4—挂纱口

图2-4-4 筘刀使用方法

2.5　织物小样后处理设备

2.5.1　织物小样烘干定型机

（1）设备型号与主要用途。

①设备型号。Model R-3间歇式自动定型烘干机，由厦门瑞比精密机械有限公司生产，本织物小样烘干定型机属于针板链式热风拉幅干热定形机（图2-5-1）。

②主要用途。对织物进行拉幅和热定形等后整理；可模拟及预测染料烘干变色的程度，预先试验染料、助剂或整理助剂以及现场的条件对织物色牢度或品质的影响；可利用此机，选择整理助剂浓度、品质好坏；可供防水、防火及涂层等特殊加工模拟试验用。

（2）基本结构与工作原理。

①基本结构。Model R-3间歇式自动定形烘干机主要分为三个部分：车头喂入部分、加热部分和控制部分。

图2-5-1　Model R-3间歇式自动定形烘干机实物图

②工作原理。

a. 车头喂入部分：将织物以平整状态和在施加一定张力的情况下，按规定尺寸准确地喂入加热区。Model R-3间歇式自动定形烘干机利用针板架输送织物（图2-5-2），针板架是由一组输送电动机带动，当针板架放到入口处再按喂入按钮后，针板架则自动进入烘箱，同时自动开始计时。时间终了，自动退出烘箱并响铃。

b. 加热部分：织物在一定纵横张力下，以一定速度通过加热区。织物在规定温度下进行定形，热量是靠布面上下对喷的热风传递的，热风由循环泵循环，热风的热量靠热源供给。Model R-3间歇式自动定形烘干机热风循环，进料口小，故温度不会因开门而骤降。其次，定形机热风直烘试布，温度精确，分布均匀，最高温250℃，精度±1%。

c. 控制部分：主要由控制面板上的各种开关、定时器组成（图2-5-3）。

电源开关：当旋钮切换到"1"位置即通电，且启动循环风扇电动机。

操作开关：与加热开关和计时器相连。当操作开关切换到"ON"位置，系统才会加热及计时。

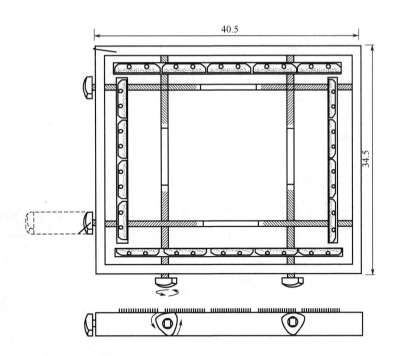

图2-5-2　Model R-3间歇式自动定形烘干机针板架

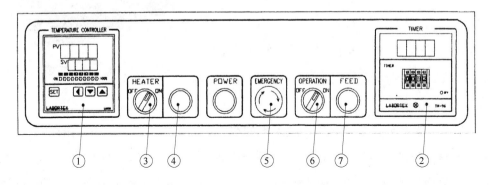

图2-5-3　Model R-3间歇式自动定形烘干机控制界面

1—温控器　2—电子计时器　3—加热开关　4—加热指示灯　5—紧急停止旋钮　6—操作开关　7—喂入按钮

温控仪：本机使用0~300℃全指示温控器，温控器连接加热开关和加热指示灯。

计时器：电子计时器最高可设定到99h60min，设定最小单位为min，前两个位数为设定小时数，后两位数为设定分钟数，计时器和温控器的热源开关的功能是联动开启的。通常计时器是停止的，当按下喂入按钮，针板架自动进入烘箱后开始计时，时间到即会响铃，并自动退出针板架。

（3）操作规程与注意事项。

①操作规程。

a. 升温。打开电源开关，打开操作开关到"ON"，风扇电动机同时启动，打开加热开关到"ON"位置，开始升温至所需温度。

b. 将织物固定在针板上。

c. 在计时器上设定时间。

d. 将针板架放到入口处。

e. 按下喂入开关，针板架自动进入烘箱，当时间到自动退出时响铃。

f. 下一次烘干定形重复第b～第e步。

g. 关机。打开进气口及排气口，通常将排气口"开"，进气口"关"。加热开关转到"OFF"位置，等待10min，当温度低于50℃时关闭电源开关。

②注意事项。

a. 本机温度控制范围最高不可超过300℃。

b. 试验完毕后保持针板链条继续传动状态，关闭"加热"旋钮，使箱体温度降至50℃以下才可关机。

c. 出现紧急状态时可按下仪器正前方的红色紧急按钮，仪器即停止运行，排除故障后松脱紧急按钮，仪器恢复运行。

（4）工艺设计与应用实例——涤/棉针织物染前热定形工艺探讨。

该文对涤/棉针织物在不同条件下进行染前热定形，测试与比较热定形前后的湿热回缩率、顶破强力、折皱回复角、起毛起球性能以及织物的染色性能，从而得出涤/棉针织物染前热定形的最佳工艺条件。

①工艺流程。涤/棉漂白针织布→定形→染色→水洗→皂洗（皂片2g/L，纯碱2g/L，浴比1:30，90℃，10min）→水洗→烘干→测试。

②实验设计。因为定形时的实验温度和时间会对涤/棉织物的性能产生影响，因此将烘干温度分为140℃、150℃、160℃、170℃四档，实验时间分为10s、20s、30s三档。具体实验设计见表2-5-1。

表2-5-1　织物热定形实验设计方案

试样编号	1	2	3	4	5	6	7	8	9	10	11	12
温度（℃）	140	140	140	150	150	150	160	160	160	170	170	170
时间（s）	10	20	30	10	20	30	10	20	30	10	20	30

③实验步骤如下。

a. 剪取试样织物若干，尺寸不超过40cm×34cm。

b. 打开电源开关，将操作开关打到"ON"。

c. 打开加热开关到"ON"，在温控器上设定烘干温度：温控器上排数字显示的是实际温度值，下排显示的是设定温度值。先按"←"位移键，使小数点闪烁，表示可设定温度。按"←"位移键使小数点闪烁在各位数字上，按"↑""↓"分别增加减少数字直到预定值。本例以1号试样为例，将预定温度设置为"140"℃。设定完毕数秒后，全部设定参数将自动输入控制器。

d. 等待加热升温至所需温度。

e. 将1号试样织物平铺固定在针板上，注意不要让织物产生卷角。

f. 设定时间。在计时器上按下按键设定时间，按下第三个键使其变为"m"，这样前两个位数为设定分钟数，后两位数为设定秒数，此例中前两位为"0"，后两位为"10"，即定时为10s。

g. 将针板架放到入口处。

h. 按下喂入开关，针板架自动进入烘箱，待设定时间到自动退出时响铃。

i. 重复步骤e～步骤h，依次按试样编号顺序进行实验。

j. 完成实验关机。打开进气口和排气口，通常将排气口"开"，进气口"关"。加热开关转到"OFF"位置，等待10min，当温度低于50℃时关闭电源开关。

2.5.2　电磁炉、煮锅

本实验室在对小样织物煮炼时使用电磁炉和煮锅。煮练时，先在煮锅中根据浴比注入适量水，加入柔软剂、整理剂等，然后放入小样织物。在使用电磁炉时，插上电源，按"电源"键3s左右，蜂鸣器响一声进入待机状态。按菜单功能键，启动"烧水"功能，此时可通过"−""+"键调整火力，调整范围为60～240℃，到达指定温度后电磁炉暂停加热，当温度下降一段时间后，电磁炉重新加热。

一般煮练棉织物使用温度：120～130 ℃，时间：3～5h。浴比为3∶1～4∶1，NaOH浓度为10～15g/L。

第三章

实验内容与方法

3.1 织物分析实验

3.1.1 实验目的

（1）通过分析织物样品，了解其基本结构规格参数，确定织物种类和用途，为相关贸易合同洽谈提供依据。

（2）通过分析织物样品，了解其组织结构和主要规格参数，确定织物生产条件和上机工艺参数，仿样设计提供参考资料和技术依据。

（3）通过练习实验操作，系统分析一块织物，学习训练并熟练掌握织物经纬密度、纱线线密度、平方米克重、纱线捻向和捻度、原料成分种类、织造缩率、织物组织结构和色纱排列等织物基本规格与主要技术参数的测试分析方法。

3.1.2 基本知识与注意事项

织物分析是指通过感官目测和仪器工具检测分析等方法，获取织物的形态特征、原料组成、规格参数与组织结构等基本指标的过程。

由于织物所采用的组织结构、色纱排列与经纬密度、纱线的原料组成及线密度、捻向、捻度等线型结构特征和后整理方法等各不相同，所具有的织物外观风格、舒适性和用途也不一样，因此，为了明确这些技术特征，为仿样设计、生产工艺参数制订和贸易合同技术条款拟订、确定消费对象和基本用途，必须对织物样品进行系统分析。

为了能获得比较正确的分析结果，在分析前要计划分析的项目和它们的先后顺序。操作过程中要仔细认真、及时准确地记录每一步实验分析数据和现象，并且要在满足分析的条件下尽量节省布样用料。

3.1.3 实验准备

（1）实验材料。未知织物试样一块（15cm × 15cm）。

（2）实验仪器和工具。织物密度仪、纱线捻度仪、电子天平（或扭力天平、链条天平）、照布镜、镊子、大头针、打火机等。

3.1.4 实验内容和实验步骤

（1）实验内容。

①织物的形态特征。确定正反面、经纬向，观察表面肌理。

②织物的结构参数。确定织物组织、经纬密度、纱线细度、捻度捻向、覆盖紧度和织缩率。

③织物的原料组成。经纬纱原料种类、各组分纤维含量。

（2）实验步骤。

①取样。分析织物时，资料的准确程度与取样的位置、样品面积大小有关，因而对取样的方法应有一定的要求。由于织物品种极多，彼此间差别又大，因此，在实际工作中，样品的选择和裁取还应根据相关标准与具体情况来定。

②取样位置。织物下机后，在织物中因经纬纱张力的平衡作用，使幅宽和长度都略有变化。为了使测得的数据具有准确性和代表性，实际工作中一般规定：从整匹织物中取样时，样品到布边的距离不小于15cm，离两端的距离：棉织物不少于1.5m，毛织物不小于3.0m，丝织物3.5~5.0m。

此外，样品不应带有显著的疵点，并力求其处于原有的自然状态，以保证分析结果的准确性。

③取样大小。取样面积大小应随织物种类、组织结构而异。由于织物分析是项消耗试验，应本着节约的原则，在保证分析资料正确的前提下，力求减小试样的大小。简单组织的织物试样可以取得小些。一般为15cm×15cm；组织循环较大的色织物可以取20cm×20cm；色纱循环大的色织物最少应取一个色纱循环所占面积；对于大提花织物，因其经纬纱循环数很大，一般分析部分具有代表性的组织结构即可。因此，一般取20cm×20cm或25cm×25cm。如样品尺寸很小时（俗称"巴掌样"），只要比5cm×5cm稍大即可分析，剩下的要留作封样归档备查。

④确定织物的正反面。对布样进行分析工作时，首先应确定织物的正反面。

织物的正反面一般是根据其外观效应加以判断。下面举例一些常用的判断方法。

a. 一般织物正面的花纹、色泽均比反面的清晰美观。

b. 具有条格外观的织物和配色模纹织物，其正面花纹必然是清晰悦目的。

c. 凸条及凹凸条织物，正面紧密而细腻，具有条状或图案凸纹，而反面较粗糙，有较长的浮长线。

d. 起毛织物：单面起毛织物，其起毛绒的一面为织物正面；双面起毛织物，则以绒毛均匀、整齐的一面为正面。

e. 观察织物的布边，如布边光洁、整齐的一面为织物正面。

f. 双层、多层及多重织物，如正反面的经纬密度不同时，则一般正面具有较大的密度或正面的原料较佳。

g. 毛巾织物，以毛圈密度大的一面为正面。

多数织物的正反面有明显的区别，但也有不少织物的正反面极为近似，两面均可应用。因此，对这类织物可不强求区别其正反面。

⑤确定织物的经纬向。在确定了织物的正反面后，就需判断出在织物中哪个方向是经纱，哪个方向是纬纱，这对分析织物密度、经纬纱线密度和织物组织等项目来说，是先决条件。

区别织物经纬向的主要依据如下。

a. 如被分析织物的样品是有布边的，则与布边平行的纱线便是经纱，与布边垂直的则是纬纱。

b. 含浆的是经纱，不含浆的是纬纱。

c. 一般织物密度大的一方为经纱，密度小的一方为纬纱。

d. 筘痕明显的织物，有筘痕的方向为织物的经向。

e. 织物中若一组纱线是股线，而另一组是单纱时，则通常股线为纬纱，单纱为经纱。

f. 若单纱织物的成纱捻向不同时，则Z捻纱为经纱，而S捻纱为纬纱。

g. 若织物成纱的捻度不同时，则捻度大的多数为经纱，捻度小的为纬纱。

h. 如织物的经纬纱线密度、捻向、捻度都差异不大，则纱线的条干均匀、光泽较好的为经纱。

i. 毛巾类织物，其起毛圈的纱线为经纱，不起圈者为纬纱。

j. 条子织物，其条子方向通常是经纱。

k. 若织物有一个系统的纱线具有多种不同纱线密度时，这个方向则为纬向。

l. 纱罗织物，有扭绞的纱线为经纱，无扭绞的纱线为纬纱。

m. 在不同原料的交织中，一般棉毛或棉麻交织的织物，棉为经纱；毛丝交织物中，丝为经纱；毛与丝、棉的交织物中，则丝、棉为经纱；天然丝与绢丝的交织物中，天然丝为经纱；天然丝与人造丝的交织物中，则天然丝为经纱。

n. 由于织物用途极广，因而对织物原料和组织结构的要求也多种多样，因此在判断时，还要根据织物的具体情况进行确定。

⑥测定织物的经纬纱密度。在织物中，单位长度内排列的经纱根数，称为织物的经纬

纱密度。

经纬纱密度的计算单位以公制计，是指10cm内经纬纱排列的根数。密度的大小，直接影响织物的外观、手感、厚度、强力、抗折性、透气性、耐磨性和保暖性能等力学指标，同时它也关系到产品的成本和生产效率的高低。

经纬密度的测定方法有以下两种。

a. 直接测数法。直接测数法凭借照布镜或织物密度分析镜来完成。织物密度分析镜的刻度尺长度为5cm。在分析镜下面，一块长条形玻璃片有一条红线，在分析织物密度时，移动镜头，将玻璃片上红线和刻度上红线同时对准某两根纱线之间，以此为起点，边移动镜头边数纱线根数，直到5cm刻度线处为止。数出的纱线根数乘以2，即为经纬纱的密度值。

在数纱线根数时，要以两根纱线之间的中点为起点，若数到终点时，落在纱线上，超过0.5根，而不足1根时，应按0.75根计算；若不足0.5根时，则按0.25根计算。

织物密度一般应测得3～4个数据，然后取其算术平均值作为测定结果。

b. 间接测定法。这种方法适用于密度大、纱线线密度小的规则组织织物。首先分析织物组织及其组织循环经纱数（组织循环纬纱数），然后乘以10cm中组织循环个数，所得的乘积即为织物的经（纬）纱密度。

⑦测定经纬纱缩率。经纬纱缩率是织物结构参数的一项内容。测定经纬纱缩率的目的是为了计算纱线线密度和织物用纱量等。由于纱线在形成织物后，经（纬）纱在织物中交错屈曲，因此，织造时所用的纱线长度大于所形成织物的长度。其差值与纱线原长之比值称作缩率，以a表示，a_j表示经纱缩率，a_w表示纬纱缩率。

$$a_j = (L_{oj} - L_j)/L_{oj} \times 100\%$$
$$a_w = (L_{ow} - L_w)/L_{ow} \times 100\%$$

式中：L_{oj}（L_{ow}）——试样中经（纬）纱伸直后的长度；

L_j（L_w）——试样的经（纬）向长度。

经纬纱缩率的大小，是工艺设计的重要依据，它对纱线的用量、织物的力学性能及织物的外观均有很大的影响。

分析织物时，测定缩率的方法，一般是在试样边缘沿经（纬）向量取10cm的织物长度（即L_j或L_w），并做记号，将边部的纱缨剪短（这样可减少纱线从织物中拨出来时产生意外伸长），然后轻轻将经（纬）纱从试样中拨出，用手指压住纱线的一端，用另一只手的手指轻轻将纱线拉直（给适当的张力，不可有伸长现象）。用尺量出记号之间的经（纬）纱长度（即L_{oj}或L_{ow}）。这样连续测出10个数据后，取其算术平均值，代入上述公式中，即可求出

a_j和a_w之值。这种方法简单易行，但精度较差。在测定中应注意：在拨出和拉直纱线时，不能使纱线发生退捻或加捻。对某些捻度较小或强力很差的纱线，应尽量避免发生意外伸长。

⑧测算经纬纱的细度（线密度）。纱线线密度是指在公定回潮率下1000m的纱线的质量。计算公式如下：

$$Tt=\frac{m}{L}\times 1000$$

式中：Tt——经（纬）纱线密度，tex；

m——在公定回潮率时的质量，g；

L——长度，m。

纱线线密度的测定，一般有以下两种方法。

a．比较测定法。此方法是将纱线放在放大镜下，仔细地与已知线密度的纱线进行比较，最后决定试样的经纬纱线密度。此方法测定的准确程度与实验人员的经验有关，方法简单，工厂试验员乐于采用此法。

b．称量法。在测定前必须先检验样品的经纱是否上浆，若经纱是上浆的，则应对试样进行退浆处理。测定时从规格为10cm×10cm的织物中，取出10根经纱和10根纬纱，分别称其质量。测出织物的实际回潮率，在经纬纱缩率已知的条件下，经纬纱线密度可用下式求出：

$$Tt=\frac{m（1-a）（1+W_公）}{1+W}\times 1000$$

式中：m——10根经（或纬）纱的实际质量，g；

a——经（纬）纱缩率；

W——织物的实际回潮率；

$W_公$——该种纱线的公定回潮率。

常见纤维的公定回潮率见表3-1-1。

表3-1-1　常见纤维的公定回潮率

纤维种类	公定回潮率（%）	纤维种类	公定回潮率（%）
棉纤维	8.5	绢丝	11
黏胶纤维	13	涤纶	0.4
精梳毛纱中的毛纤维	16	锦纶	4.5
粗梳毛纱中的毛纤维	15	维纶	5
腈纶	2	丙纶	0
醋酯纤维	7		

⑨经纬纱原料成分。正确、合理地选配各类织物所用原料，对满足各项用途起着极为

重要的作用。因此，对布样的经纬纱原料要进行分析，主要包括两方面。

a. 织物经纬纱原料的定性分析。目的是分析织物纱线的原料组成，即分析织物是属纯纺织物、混纺织物，还是交织物。鉴别纤维一般采用的步骤是先决定纤维的大类，属天然纤维素纤维，还是属天然蛋白质纤维或是化学纤维；再具体决定纤维品种。常用的鉴别方法有手感目测法、燃烧法、显微镜观察法和化学溶解法等，其具体方法与纤维的鉴别方法相同。

b. 混纺织物成分的定量分析。这是对织物含量的分析。一般采用溶解法，选用适当的溶剂，使混纺织物中的一种纤维溶解，称取留下的纤维质量，从而推算出溶解纤维的质量，然后计算混合百分比。

⑩概算织物质量。织物质量是指织物每平方米的无浆干燥质量。它是织物的一项重要技术指标，也是对织物经济核算的主要指标，根据织物样品的大小及具体情况，可分为两种试验方法。

a. 称量法。用此方法测定织物质量时，要使用扭力天平、分析天平等工具。在测定织物每平方米的质量时，样品一般取$10cm \times 10cm$。而所取面积越大，所得结果就越正确。在称量前，将退浆的织物放在烘箱中烘干，至质量恒定，称其干燥质量，则：

$$m = \frac{g}{L \times b} \times 10^4$$

式中：m——样品每平方米无浆干燥质量，g/m^2；

　　　g——样品的无浆干燥质量，g；

　　　L——样品长度，cm；

　　　b——样品宽度，cm。

b. 计算法。在遇到样品面积很小，用称量法不够准确时，可以根据前面分析所得的经纬纱线密度、经纬纱密度及经纬纱缩率进行计算，其公式如下：

$$m = \frac{1}{100(1+W_\text{公})} \left[P_\text{j} \times \frac{Tt_\text{j}}{1-a_\text{j}} + P_\text{w} \times \frac{Tt_\text{w}}{1-a_\text{w}} \right]$$

式中：　　m　——样品每平方米无浆干燥质量，g/m^2；

　　　P_j、P_w——样品的经、纬纱密度，根/$10cm$；

　　　a_j、a_w——样品的经、纬纱缩率；

　　　　$W_\text{公}$——样品经、纬纱公定回潮率；

　　　Tt_j、Tt_w——样品的经纬纱线密度，tex。

⑪经纬纱线线型结构。

a. 纱线捻向。纱线在加捻后，单纱中的纤维对轴心呈现的倾斜方向。以大写字母S和

Z表示。在测定纱线的捻向时，先握持纱线的一端，并使其一小段（至少100mm）悬垂。观察此垂直纱段的构成部分的倾斜方向，与字母"S"中间部分一致的为S捻；与字母"Z"中间部分一致的为Z捻。

b. 捻度测试。目前采用的测定纱线捻度的方法，主要是直接退捻法和解捻加捻法。

直接退捻法是将纱线固定在一定距离的两个夹头内，回转一个夹头使纱线解捻，直到纱线中的纤维与纱线轴平行为止，记下回转夹头的捻回数，可计算得捻度。直接退捻法是测定纱线捻度的最基本方法，测定结果比较准确，常作为考核其他测量方法准确性的标准。但是这种方法效率较低，而且在测定单纱捻度时，退捻作用往往不能使纱中纤维完全平直。在生产实际中，用以测定股线和粗纱的捻度。

解捻加捻法的原理是一段纱线在一定的张力作用下，当解捻时的伸长与反向加捻时的缩短在数值上相等时，解捻数与反向加捻数也相等。用这种方法测定纱线的捻度，在Y-331型捻度试验机上进行。将纱线的左端夹持在连接有指针和张力杠杆的纱夹内，由重锤杆及砝码对纱线施加一定的张力。再将纱线引入右方纱夹的中心位置，至纱线左端连接的指针指在扇形刻度尺"0"上时，旋紧右方纱夹的螺丝。启动仪器，右方纱夹回转，使纱线经过解捻而伸长，指针在扇形刻度尺上向左移动。为了避免纱线因伸长过多而发生断裂，在仪器上装有挡片，将纱线伸长控制在一定范围内。纱线的捻回退完后，仍继续回转，使纱线反向加捻而缩短。当纱线长度回缩到原来的长度时，即指针回到扇形刻度尺的"0"时，从仪器的计数刻度盘上，记下总捻回数n。n等于长度为L的纱线所具有的捻回数的2倍，如果$L=25cm$，则n相当于长度为50cm的纱线的捻回数。于是纱线的捻度为：

$$T_t = \frac{n}{5} \text{捻}/10cm$$

⑫织物组织与上机图。对布样进行各种测定后，最后应对经纬纱在织物中的交织规律进行分析，以求得此种织物的组织结构。在分析过程中，常用的工具有照布镜、分析针、剪刀及彩纸等。

常用的织物组织分析方法有以下几种。

a. 拆纱分析法。此法常应用于起绒织物、毛巾织物、纱罗织物、多层织物和纱线密度低、密度大、组织复杂的织物。

这种方法又可分为分组拆纱法和不分组拆纱法两种。

分组拆纱法：对于复杂组织或色纱循环大的组织，用分组拆纱法是精确可靠的，现将此法的步骤介绍如下。

确定拆纱的系统。在分析织物时首先应确定拆纱方向，目的是为了看清楚经纬纱的交织状态。因而宜将密度较大的纱线系统拆开，利用密度小的纱线系统的间隙，清楚地看出经纬纱的交织规律。

确定织物的分析表面。一般遵循以看清织物的组织为原则。若是经面或纬面组织的织物，以分析织物的正面比较方便，灯芯绒织物则分析织物的反面；若是表面刮绒或缩绒织物，则分析时应先用剪刀或火焰除去织物表面的部分绒毛，然后进行组织分析。

纱缨的分组。在布样的一边先拆除若干根一个系统的纱线，使织物的另一个系统的纱线露出10mm的纱缨，然后将纱缨中的纱线每若干根分为一组，并将1、3、5……奇数组的纱缨和2、4、6……偶数组的纱缨分别剪成两种不同的长度。这样，当被拆的纱线置于纱缨中时，就可以清楚地看出它与奇数组纱和偶数组纱的交织情况。

填绘组织。填绘组织所用的意匠纸若每一大格的纵横方向均为八个小格，正好与每组纱缨根数相同，则可把每一大格作为一组，也分成奇、偶数组，与纱缨所分奇、偶数组对应，这样，被拆开的纱线在纱缨中的交织规律就可以非常方便地纪录在意匠纸的方格上。

不分组拆纱法：当了解了分组拆纱法后，不分组拆纱法的步骤类似，此法无需将纱分组，只需把拆纱轻轻拨入纱缨中，在意匠纸上记录经纱与纬纱交织的规律即可。

b. 局部分析法。有的织物表面局部有花纹，地部的组织很简单，此时只需要分别对花纹和地部的局部进行分析，然后根据花纹的经纬纱根数和地部的组织循环数，就可以求出一个花纹循环的经纬纱数，而不必一一画出每一个经纬组织点，需注意地组织与起花组织起始点的统一问题。

c. 直接观察法。有经验的工艺员或织物设计人员，可采用直接观察法，依靠目视或利用照布镜，对织物进行直接观察，将观察的经纬纱交织规律逐次填入意匠纸的方格中。分析时，可多填几根经纬纱的交织状况，以便正确地找出织物的完全组织。这种方法简单易行，主要是用来分析单层密度不大、纱线线密度较大的原组织织物和简单的小花纹组织织物。

为了后加工方便和成品外观美观的需要，织物一般都设计有左右两侧各10～12mm宽的布边（边经线根数一般在24～48根不等）。织物组织分析时，除仔细认真分析出织物的正确组织外，还要结合经向织缩率特点，估选出可能匹配的织物布边组织。织物分析得出织物组织图后，还要结合织物的经纬密度大小，确定上机织造时所用的综框数和穿综方法，最终绘制出织物上机图。

⑬纱线颜色与色纱排列。在分析织物时，除要细致耐心之外，还必须注意组织与色纱（不同颜色或捻度的纱线排列）的配合关系。对于本色织物，在分析时不存在这个问题。但

是多数织物的风格效应不光是由经纬纱交织规律来体现的,往往是将组织与色纱配合而得到其外观效应。因而,在分析这类色纱与组织配合的织物(色织物)时,必须使组织循环和色纱排列循环配合起来,在织物的组织图上,要标注出色纱的颜色和循环规律。

在分析时,大致有如下几种情况。

a. 当织物的组织循环纱线数等于色纱循环数时,只要画出组织图后,在经纱下方、纬纱左方标注颜色(或捻向)和根数即可。

b. 当织物的组织循环纱线数等于色纱循环数时,在这种情况下,往往是色纱循环大于组织循环纱线数。在绘制组织图时,其经纱根数应为组织循环经纱数与色经纱循环数的最小公倍数,纬纱根数应为组织循环纬纱数与色纬纱循环数的最小公倍数;并在组织图下方汇总注明。例如,A——红色,B——黑色,C——白色,D——蓝色,……;经纱排列:20A10B;纬纱排列:30A20B2C1D2C。

3.1.5 实验记录

(1)织物经纬密和织缩率。织物经纬密度与织缩率测试数据统计表见表3-1-2。

表3-1-2 经纬密度与织缩率测试数据统计表

织物名称				用途								
原料	经纱				纬纱								
经纬密度 (根/10cm)	序号		1	2		3	4		合计		平均值		
	经密												
	纬密												
织缩率(%)	经纱伸直长度 L_{oj}(cm)	1	2	3	4	5	6	7	8	9	10	合计	平均值
	经向长度L_j(cm)	10	计算公式:										
	经向缩率(%):												
	纬纱伸直长度 L_{ow}(cm)	1	2	3	4	5	6	7	8	9	10	合计	平均值
	纬向长度L_w(cm)	10	计算公式:										
	纬向缩率(%):												

（2）经纬纱线密度。表3-1-3是经纬纱线密度测试数据统计表。

表3-1-3　经纬纱线密度测试数据统计表

经纱线密度	每10根经纱重量（mg）	1	2	3		5	合计	平均值
	经纱特数（tex）		纱线实际回潮率（%）			纱线公定回潮率（%）		
纬纱线密度	每10根纬纱重量（mg）	1	2	3	4	5	合计	平均值
	纬纱特数（tex）		纱线实际回潮率（%）			纱线公定回潮率（%）		

（3）经纬向纱线原料组成成分（燃烧法）。测试数据统计表见表3-1-4。

表3-1-4　经纬纱燃烧测试原料成分统计表

经纱	燃烧状态	烟气味	灰烬颜色形态
结论			
纬纱	燃烧状态	烟气味	灰烬颜色形态
结论			

（4）经纬纱捻向、捻度与织物紧度。测试数据统计表见表3-1-5。

表3-1-5　经纬纱捻向、捻度与紧度测试数据统计表

捻向（S/Z）	经纱							
	纬纱							
经纱捻度（捻/10cm）	序号	1	2	3	4	5	合计	平均值
	单纱							
	股线							
纬纱捻度（捻/10cm）	序号	1	2	3	4	5	合计	平均值
	单纱							
	股线							
织物紧度（%）	经向紧度		纬向紧度		总紧度		经纬向紧度比	

经向紧度计算公式：

纬向紧度计算公式：

总紧度计算公式：

（5）织物平方米克重与组织。测试数据统计表见表3-1-6。

表3-1-6　织物平方米克重与组织测试分析数据统计表

织物净重（g）	称重法	小样长度（cm）		小样宽度（cm）		小样无浆干燥质量（g）	
		每平方米无浆干燥质量（g/㎡）					
	计算法	每平方米无浆干燥质量（g/㎡）					
织物组织	布身组织			布边组织			
织物组织图与上机图							
		（1）组织图			（2）上机图		

3.2　小样织机结构原理认识与织物上机图关系验证实验

3.2.1　实验目的

（1）了解半自动小样织布机的结构与工作原理，熟悉机织物成形的基本方法。

（2）了解织物上机织造工艺条件，明确织物上机图与上机织造工艺的关系。

（3）了解织物小样试织的工艺流程，初步学习和掌握小样织布机的使用操作规程与小样试织的常用工具及其使用方法。

3.2.2　基本知识与要求

（1）小样织布机的基本结构。小样织布机主要由完成开口、引纬、打纬、送经、卷取等"五大运动"的机构组成。传统的机织物是由经纱和纬纱在织布机上交织形成的，其形成织物的基本过程如图3-2-1所示：经纱2从织轴1上由送经机构送出，绕过后梁3和经停片4，按照一定的规律逐根穿入综框5的综丝眼6，再穿过钢筘7的筘齿；综框5由开口机构控制，做上下交替运动，使经纱分成两层，形成梭口8；纬纱9由引纬机构引入梭口，由钢筘7将纬纱9推向织口10，在织口处形成的织物经胸梁11、卷取辊12、导布辊13卷绕在卷布辊14上。

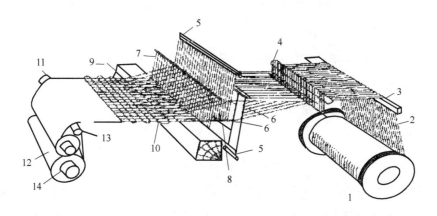

图3-2-1　机织物形成原理图

1—织轴　2—经纱　3—后梁　4—经停片　5—综框　6—综丝眼　7—钢筘　8—梭口
9—纬纱　10—织口　11—胸梁　12—卷取辊　13—导布辊　14—卷布辊

由形成织物的过程可以看出，综框的提升规律，决定着织物的交织规律，在织物中凡是提升的经纱都位于纬纱之上，凡是不提升的经纱都在纬纱之下。

SGA598型半自动小样织机与一般织机的结构相似，能完成"五大运动"，但小样机省略简化了自动引纬机构、自动送经机构、自动卷取机构、经停片、剪刀等机构。半自动小样机在提综开口时根据纹板图由电脑气动控制综框自动提综，引纬、打纬、送经、卷取这几个步骤则需由手动完成，因此，半自动小样机适用于小幅宽［最大幅宽50.8cm（20英寸）］的织物打小样工作。

工作时，先在半自动小样机电脑控制器中输入纹板图，小样织机在织每一纬时根据纹板图中的经组织点自动提升综框，将经纱分成上下两层形成开口。再用已卷绕好纬纱的储纬管引入纬纱，与经纱形成交织，引纬后手动将钢筘前扳，完成打纬，同时织机自动根据下一纹板提升综框，形成开口，如此循环。

（2）织物上机图关系原理。上机图是表示织物上机织造工艺条件的图解。生产、仿造或创新织物时均需绘制与编制上机图。上机图一般由组织图、穿筘图、穿综图、关系图、纹板图五个部分排列成一定的位置而组成。上机图的布置格式一般如图3-2-2所示。

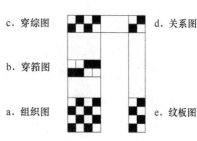

c. 穿综图　　　　　d. 关系图

b. 穿筘图

a. 组织图　　　　　e. 纹板图

图3-2-2　上机图图解

①组织图。表示织物中经纬纱的交织规律。上机图中组织图至少有一个完整组织循环，甚至更多。如图3-2-2所示为平纹组织，包含了两个组织循环。

②穿综图。表示组织图中各根经纱穿入各页综片顺序的图解。穿综方法应根据织物的组织、原料、密度来定。每一横行表示一页综片，综片的顺序在图中是自下向上（在织机上由织品向织轴方向）排列；每一纵行表示与组织图相对应的一根经纱。

③穿筘图。用两个横行表示经纱在筘片间的穿法。以连续涂绘■符号于一横行（单）的方格内表示穿入同一筘齿中的经纱根数；而穿入相邻筘齿中的经纱，则在穿筘图中的另一横行（双）内连续涂绘■符号。如图3-2-2所示为一筘两穿，即一个筘齿中穿入两根经纱。

④关系图。表示所用综框（横行）与纹板图中纹钉（纵列）的对应关系。

⑤纹板图。纹板图是控制综框运动规律的图解。从左向右，每一纵行表示对应的一页综片，其纵行数等于综片数。其横行数等于组织图中的纬纱根数。纹板图中的■点是根据组织图中经纱穿入综片的次序依次按该经纱组织点交错规律填入纹板图对应的纵行中。

通过本实验学习和训练，要求学生对半自动小样织布机的结构、工作原理和基本操作方法等有一个全面系统的了解，学习织物小样试织常见工具的使用方法，并结合选定组织的织物小样试织，进一步明确织物组织上机图与织布机上机工艺条件的对应关系，初步验证织物组织图、纱线原材料选配与织物基本外观、表面肌理（织纹纹理）的联系。

3.2.3　实验准备

（1）材料。涤/黏毛染色纱。

（2）设备。SGA598型半自动小样织布机。

（3）工具。手摇整经架、穿综钩和穿筘刀、储纬管、剪刀等。

3.2.4　实验内容和实验步骤

（1）实验内容。

①认识分析小样织机的基本结构和工作原理。

②学习小样织机的操作规程与实验步骤以及操作技巧。

③认识织物形成过程并验证织物组织上机与织物上机织造工艺条件的关系，进一步明确上机图各部分的含义、作用与意义。

（2）原料选用与规格计算。本次实验经纬纱均选用涤/黏毛染色纱。首先确定原料规格，使用称重法测量得到经纬纱线原料的细度（tex），使用捻度仪测量经纬纱线单纱股线的捻度值（捻/10cm）。

一般经纱采用的原料较好，上机张力大，丝线平整，对织物的质地有较大影响。经纱细度一般比纬纱的细、经密比纬密的大，以利于改善织物风格和提高生产效率。根据表3-2-1的参考数据并确定经密，该表适用单层组织结构；在确定纬密时如无特殊要求，织物纬密小于经密一定比例，这样做既是织物风格的要求，也是充分利用织布机的加工能力、提高生产效率的需要。由于织造过程经纱线受到的拉伸作用更强烈、发生的伸长也更大，而且上下起伏弯曲程度也大，下机后会发生更大的收缩，织造缩率与经纱线浮长大小也有一定关系。因此，一般选用的经纬密度比为：平纹为20%～30%，斜纹为30%～40%，而缎纹则可在50%左右。

根据设计的织物幅宽计算总经丝根数，总经丝根数=经密×设计幅宽+边经×2。在手摇整经架上摇取经纱，经纱至少分成两股摇取，每股不超过50根；将每股经条一端绑定在经轴上的绑布条上，梳清、梳顺每一股经条。

表3-2-1 经线密度设计参考

细度（tex）	基本组织经密设计（根/10cm）		
	平纹组织	四枚斜纹组织	八枚缎纹组织
2.2以下	65~80	80~100	150~170
2.2~3.3	65~75	75~85	130~150
3.9~5	60~75	70~75	120~140
5.6~6.7	50~65	55~75	100~110
7.8~8.9	45~55	50~70	85~90
9.4~11.1	35~55	50~65	75~80
13.3左右	32~50	40~55	70~80
16.7左右	30~35	35~50	60~70
22.2左右	25~30	35~40	
27.8左右	20~25	25~35	
44.4左右	18~22	22~26	
88.9左右	10~12	16~20	
133.3左右	8~10	12~14	
222以上	6~8	8~12	

注　表适用于设计单层织物经密时参考。

（3）织物组织选用、上机图绘制与上机条件确定。本次实验的主要目的是验证上机图与织物织造上机工艺条件的关系，根据自己的喜好和兴趣，自选一个织物组织图，并结合选用的原材料特点和经纬密度要求，设计综框数与穿综方法，画出规范的上机图，如

图3-2-3所示。上机图包含组织图、穿筘图、穿综图、纹板图。其中，组织图应包含布边组织和布身组织。初次试织时，布边组织经线根数M_b左右每侧不得少于16根；布身组织经线根数，按实际设计小样织物幅宽需要，并取布身组织R_j的整数倍（n倍）。例如，图3-2-3中小样织物幅宽设计为15cm，则布身组织经纱线根数M_j为$P_j×15$，P_j表示经密，修正成布身组织完全循环经纱数R_j（$R_j=5$）的整数倍（n倍）；则总经纱根数的计算公式为：$M=M_b×2+M_j=16×2+R_j×n$。

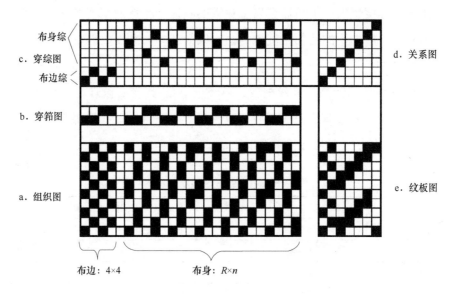

图3-2-3 小样试织上机图上机图举例

本次实验选用50号钢筘，即50个筘齿/10cm。安装钢筘时，将50号钢筘插入筘槽，然后用螺栓固定；确定综框数，如图3-2-3中穿综图所示，布边组织需要2片，布身组织需要5片，总共需要7片综框；整理综框，将综框中的综丝全拨至右侧，穿经时从右侧综丝中按次序拨出综丝，防止预留综丝不足导致经纱不能穿满幅。

（4）穿综过筘与纱线张力调整。穿综是将绑在经轴上的经线根据穿综图按从左至右的顺序依次穿入各片综框上综丝的动作。穿综步骤是：先查看穿综图，确定待穿入经纱应穿在第几片综框，从该片综框右侧综丝中顺次取出一根综丝；从经轴上也顺次取出一根经纱，放至待穿综丝的综眼处，从小样机前方将穿综钩的钢钩头伸入综眼然后钩出经纱，完成一根穿经；重复上述穿经动作穿满边经后再穿布身组织经纱；待穿足布身组织经纱数后，按照穿综图的边经穿法，再穿边经。

穿筘是将已穿好综的经丝根据穿筘图依次穿过钢筘每个筘齿的动作。穿筘前，需要先规划钢筘筘齿穿入数和穿筘齿数的大概范围。本实验由于经线原料较粗，筘号相对较小，因此，采用筘齿穿入数$\lambda=2$，所需穿筘齿数=总经纱根数/λ。穿筘前需要估计门幅范围，所穿筘齿尽量居于整幅钢筘的中间位置，使经纱从经轴到综框到钢筘保持直线并且保证筘齿数量足够，防止经纱有太大的曲折。穿筘时，将钢筘取下平插入前方的筘座，如图3-2-4所示，使用穿筘刀穿筘，使用方法详见2.9章节"筘刀的使用"；待依经纱次序穿满钢筘后，将钢筘插回筘座；在钢筘前梳理经纱，再分成2～4股分别拉紧绑定在卷绕轴的绑布条上；经纱张力调整时，顺时针转动小样织机右下方的织轴转动手柄，织轴向后退从

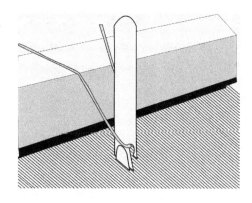

图3-2-4 穿筘方法示意图

而增大经纱张力。如发现经纱张力不匀，则需在卷绕辊绑布条上解下梳清经条，使经条上的经纱张力均匀后重新绑紧该股经条。

（5）纹板图输入文件保存。打开半自动小样织布机控制电源，按"2.5"章节中有关半自动小样机纹板输入的操作规程，输入图3-2-3上机图中的纹板图，并保存。

（6）纬线准备与小样织造。本实验以涤/黏毛染色纱作为纬纱原料。制作纬纱管，将空的纬纱管插入卷纬器转轴，在纬纱管上绕数圈纬纱后启动卷纬器电源，纬纱管自动卷绕纬纱；在卷绕过程中，需要引导筒子上的纱线均匀卷绕在纬纱管上。结束后关闭卷纬器电源，拔出纬纱管。

正式织造时，打开气阀综框提升形成开口，查看开口是否清晰，如果不清晰则需要转动经轴和卷取辊，增加经纱张力；或者提升后梁高度。引纬时，将一段纬纱退绕出纬纱管，从织物一端穿过开口到另一端。打纬时，向前扳动钢筘打纬，打纬时力量应适中，因为织物纬密不能自动控制，因此，如果打纬力量小则纬密较大，织物显得稀松；如果打纬力量大则织物过于紧密。打纬完毕后，综框根据下一纹板组织点情况自动提升，重新形成下一梭开口，穿回纬纱管引入下一纬，再扳动钢筘打纬，综框提升，如此循环。

（7）织造长度测量与组织、纬线变化。织造长度达大约15cm后，可以进行组织、纬线的变化；组织变化时需要注意所设计的组织必须与机上的穿综图一致，否则会与实际织出的织物组织不符；纬线的变化可以改变纬纱的颜色、细度、纬纱排列比等，使织物展现不同的风格效果。

（8）织造检查后下机与小样整理。织造时如发现有断经现象，需要取一根新的经纱与断纱末端打结后在原位穿综过筘，织入几纬后断经纱重新紧密交织在织物上，将浮于织物表面的断头剪除；织造结束后，用剪刀剪断经纱，取下织物，修剪两端布边，对织物进行适当的整理；清理小样织机上的残余纱线，松解绑布条上的纱线，剥清纬纱管上的纱线，

整理好穿综钩、穿筘刀等工具，实验完毕。根据实验要求，还需找实验指导老师，预约相关织物后处理加工实验，并对织物进行适当的煮练、熨烫或烘干定形整理后，剪取标准样品，完成实验数据整理和撰写报告。

3.2.5　实验记录

（1）填写织物上机规格单（表3-2-2）。

表3-2-2　小样织物织造规格单

织物品号：			
成品规格		织造规格	
门幅	___cm	钢筘	内幅___cm + 边幅___cm×2=外幅___cm
经密	___根/10cm		筘号：___号　穿入数：___入
纬密	___根/10cm	经线数	内经丝数：___根+边经：___×2根=总经线数：___根
克重	___g/m²	经线组合	
		纬线组合	
组织图与上机图	a. 布边组织　　　　　　b. 布身组织 （1）组织图　　　　　　　　　　（2）上机图		
成品织物小样外观			

（2）学生部分实验作品欣赏。近几年来，本专业学生第一次上机试织的代表性上机图方案与作品外观效果见表3-2-3。

表3-2-3　织物上机图与织物小样试织效果

序号	织物组织上机图	织物小样试织效果
1		
2		
3		

序号	织物组织上机图	织物小样试织效果
4		
5		

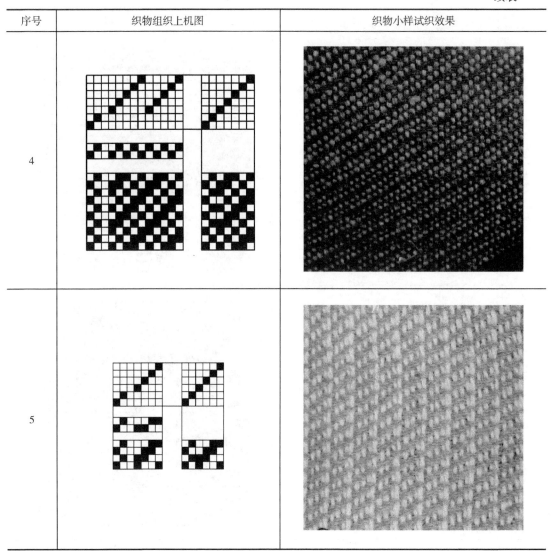

3.3 原组织设计与织物试织实验

3.3.1 实验目的

（1）明确原组织的构成条件与上机要求，试织出一款原组织织物样品。

（2）熟悉织物组织、经纬密度与上机条件的关系，尤其是钢筘筘号与穿法。

（3）了解原组织应用技巧并验证经纬纱颜色、捻度捻向及丝线线型等不同选配技巧对织物外观风格效果的影响。

3.3.2 基本知识

（1）原组织构成条件与选择。

①原组织的构成条件。

a. 完全组织循环经纱数等于完全组织循环纬纱数（$R_j=R_w=R$）。

b. 在一个完全组织循环R内，任何一根纱线有且只有一个单个的组织点；同一根纱线上的其他组织点的性质均与该组织点的性质相反。

c. 组织点飞数S＝常数。

②原组织的种类与组织图。原组织包括平纹组织、斜纹组织、缎纹组织三种组织。因而称这三种组织为三原组织，它是构成各种变化组织、联合组织和复杂组织织物的基础组织。

a. 平纹组织。平纹组织是所有织物组织中最简单的一种。其组织参数为：

$$R_j = R_w = 2$$
$$S_j = S_w = \pm 1$$

式中：R_j——组织循环经纱数；

R_w——组织循环纬纱数；

S_j——经向飞数；

S_w——纬向飞数。

画组织图时，一般均以左下角第一根经纱和第一根纬纱相交的方格作为起始点。当平纹组织起始点是经组织点时，那么所绘得的平纹组织为单起平纹；如平纹组织的起始点是纬组织点时，那么所绘得的平纹组织为双起平纹（图3-3-1）。习惯上均以经组织点作为起始点来绘平纹组织图，当平纹组织与其他组织配合时，要注意考虑起始点。

b. 斜纹组织。顾名思义，斜纹组织就是组织点按斜线分布的组织，其织物外观呈现明显的倾斜条纹。斜纹组织的组织图绘图方法，一般以第一根经纱与第一根纬纱相交的组织点为起始点，按照斜纹组织的分式表示式，求出组织循环纱线数R，划定完全组织循环大方格，然后从第一根经纱开始，先在第一根经线上按照分式表示式填绘经组织点，再按飞数S_j依次逐根填绘即可（图3-3-2）。

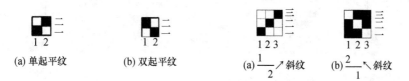

(a) 单起平纹　　　(b) 双起平纹　　　(a) $\frac{1}{2}$↗斜纹　　(b) $\frac{2}{1}$↖斜纹

图3-3-1　平纹组织图画法　　　　图3-3-2　斜纹组织图画法

c. 缎纹组织。缎纹组织是一个完全组织循环内，所有单个组织点在斜线方向也不连续分布的一类组织。绘制缎纹组织的组织图时，以方格纸上圈定的 $R_j = R_w = R$ 大方格的左下角

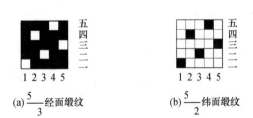

(a) $\frac{5}{3}$ 经面缎纹　(b) $\frac{5}{2}$ 纬面缎纹

图3-3-3　缎纹组织图画法

为起始点。如果按经向飞数绘图时，就是自起始点向右移一根经纱（一行纵格）向上数 S_j 个小格，就得第二个单独组织点，然后再在向右移的一根经纱上按 S_j 找到第三个组织点。依此类推，直至达到一个组织循环为止（图3-3-3）。

本次实验，要求选择原组织的一种作为布身组织，并选择一个完全组织循环内交织次数接近的组织作为布边组织。例如，布身为平纹组织时，可仍选用平纹作为布边组织，但是边经纱应选用2根当1根用（即并经或2合股）；布身组织是斜纹或缎纹时可选用平纹、经重平（$\frac{1}{2}$ 经重平、$\frac{2}{2}$ 经重平，参考"变化组织"一节相关内容），但是，选用经重平组织做布边组织时，要注意两侧布边组织起点应不同，而且还应特别注意第一纬的投纬方向，以避免边经纱织不上而产生"烂边"织疵。

（2）织造上机条件与上机图设计。织物织造上机条件主要有钢筘筘号与筘齿穿入数、综片数与每片综框的综丝根数、穿综方法、经纱上机张力等。除筘号和经纱张力外，其他主要织造上机条件都在织物组织上机图中有了严格的设计规定。因此，织物小样试织前，在选择好织物组织（布身组织和布边组织）后，必须进行完整准确的上机图设计和绘制。

①平纹组织。平纹组织的钢筘筘号与穿入数选择依据织物所要达到的效果来确定。需要高经密时，可用大筘号钢筘4穿筘；需要低经密时，可用小筘号2穿筘。穿综时，如果经密密度很小时，可两页综顺穿；密度中等时，两页4列综飞穿；密度较高时，两页8列或4页8列综（小双层梭口）飞穿（图3-3-4）。

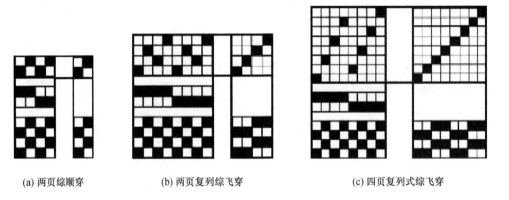

(a) 两页综顺穿　　　(b) 两页复列综飞穿　　　(c) 四页复列式综飞穿

图3-3-4　平纹织物上机图的不同穿综方法

②斜纹组织。斜纹组织在穿综时可根据经密选择顺穿或飞穿；在穿筘时选择3入或4入。在织经面的斜纹组织时通常可以选择反织，上机时采用其组织的反面组织。反面组织相对于原组织而言，不仅经纬组织点变化，而且斜纹斜向也要变（图3-3-5）。

③缎纹组织。缎纹组织的穿综方法用一顺穿；穿筘可选择3入或4入，穿筘循环经纱数为R_j与入数的最小公倍数。经面缎纹可正织，也可反织，情况同斜纹；纬面缎纹都用正织，如图3-3-6所示。

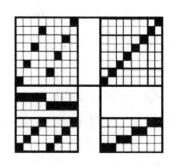

图3-3-5　斜纹织物飞穿法上机图

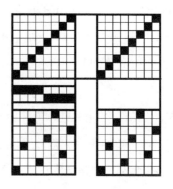

图3-3-6　缎纹上机图画法

（3）原料选用与原组织应用技巧。

①经纬纱原材料选用。构成原组织织物的经纬纱，可以是同色同规格的纱线，也可以是不同色不同规格的纱线。生产实践中，大多数情况下经纬纱是不同的，至少是品质或细度有差异的；色织物和特殊外观织物，更是采用线型结构或色彩规格差异非常大的纱线分别做经纬线的。因此，小样试织时，经纬纱原材料的选用是非常重要的，建议经纱和纬纱采用不同颜色和细度的原材料。例如，经纱采用比较细的深色合股线，纬纱采用相对比较粗的浅色单纱；或者，经纱采用彩色涤纶长丝FDY合股线，纬纱采用同规格或较粗的白色或彩色涤纶长丝DTY。这样，有利于织物表面色彩匀净、织纹纹路清晰。若选用短纤纱的单纱或涤纶长丝FDY做经纱，必须事先对其实施浆纱准备加工，否则，由于经纱抱合力低、耐磨性差，无法正常织造。若选用不同色彩的纱线分别作经纬线，需要先进行色纱排列循环设计与配色模纹绘制（参考"联合组织"相关章节内容）以及总经线根数计算。

②原组织应用技巧与实践。

a. 平纹组织应用技巧。本课程教材中关于平纹组织应用技巧介绍得比较多，在本次实验中，建议尝试以下技巧。

选用不同颜色的2种纱线作为经纬线，并按"2A2B"的比例依次排列，织出特殊配色模纹效应。

选用不同粗细的2种纱线作为经纬线，并按"4细2粗"的比例依次排列，织出隐条隐格效应。

选用不同捻度或伸缩性（如POY、FDY和DTY）的2种纱线作为经纬线，并按"16A4B"的比例依次排列，织造后沸水煮练5～10min，晾干熨烫平整，织出"泡泡纱"的缩皱效应。

采用后两种技巧时，要注意经纬密度尽量比正常情况下的减少20%～30%，给织物下机后煮练收缩留足余地。否则，经纬密度过大，织造过于紧密，煮练后不仅不容易形成理想的特殊效应，而且还有可能使织物过于僵硬死板，不够柔软活络。

b. 斜纹组织应用技巧。斜纹组织应用时，要特别注意斜纹斜向与形成织物表面纹路浮长线的纱线捻向之间的合理配合，以确保斜纹组织织物正面纹路清晰明显。建议尝试下面两种配合。

采用色纺纱合股线或彩色涤纶长丝合股线作经线，分别采用左斜纹和右斜纹两种组织各织15～20cm长的织物，对比分析哪个斜向的组织织物的斜纹纹路更清晰，并分析说明其斜向与经线捻向、纹路清晰程度的关系。

采用正确的斜向与捻向配合，并采用色彩对比鲜明的同规格不同色彩的两种颜色丝线分别作经纬线，以获得更清晰悦目的织物表面纹路效应。

c. 缎纹组织应用技巧。缎纹组织最大的特点就是织物表面光滑、手感柔软。本次实验应用时，建议尽量选用色彩艳丽的彩色涤纶丝FDY合股线或无捻彩色涤纶丝DTY网络丝作经线，纬线分别采用相对经线稍微粗一些的色彩反差比较大的涤纶丝DTY和涤/棉单纱。这样做，可以实现织物正面色彩鲜艳、光滑明亮，而反面比较蓬松柔软的正反面异色异质对比效应。当然，若有"一"字型截面人有光扁平丝FDY作经线，或者"2S2Z"强捻丝间隔排列作纬线，织物风格会更加优美特殊。

3.3.3　实验准备

（1）材料。涤/黏染色纱、原液着色涤纶丝。

（2）设备。半自动小样织布机、电磁炉、不锈钢锅、蒸汽熨斗。

（3）工具。手摇整经架、穿综钩和穿筘刀、纬纱管、剪刀等。

3.3.4　实验内容与步骤

（1）实验内容。

①原组织构成条件与组织选用（具体布边组织和布身组织及其上机图）。

a. $R_j = R_w = R$。

b. 组织点飞数是常数。

c. 每根经纱或纬纱上，只有一个经（纬）组织点，其他均为纬（经）组织点。

②原组织上机图设计。上机条件选择（钢筘筘号与穿入数、综片数与每片综框的综丝根数计算、穿综方法等）；上机图绘制。

③验证原组织织物外观风格与应用技巧。

平纹：粗、细纬纱按一定纬纱排列顺序织入，形成隐条隐格等特殊效应。

斜纹：斜向与捻向的配合原则与效果。

缎纹：正反面异色异质不同效应。

（2）实验步骤。

①原料的选用与规格计算。本次实验选用涤/黏毛染色纱、彩色涤纶长丝合股线作经纱，涤/黏毛染色纱、彩色涤纶丝DTY等作纬纱。首先确定原料规格，在原材料筒芯内壁上贴有纱线规格供参考选用；若规格标签没有了，可以使用称重法测量得到经纬纱线原料的细度（tex），使用捻度仪测量经纬纱线单纱股线的捻度值（捻/10cm）。

一般经纱采用的原料较好，上机张力大，丝线平整鲜艳明亮，对织物的质地有较大影响。经纱细度一般比纬线细，有利于提高生产效率，纬密小，生产速度提高。根据表3-2-1参考并确定经密，该表在单层组织结构下适用；在确定纬密时如无特殊要求，平纹织物纬密少于经密的20%～30%，斜纹为30%～40%，而缎纹则可在50%左右。

根据设计的织物幅宽计算总经丝根数，总经丝根数＝经密×设计幅宽（修正成R_j的整数倍）＋每侧边经×2。在手摇整经架上摇取经纱，经纱至少分成2～3次摇取，每次40～60根为一股；将每股经条一端绑定在经轴上的绑布条上，梳清、梳顺每一股经条。

②上机图绘制与上机条件确定。根据织物组织设计要求，画出上机图，如图3-3-7和图3-3-8所示。上机图包含组织图、穿筘图、穿综图、关系图、纹板图，其中组织图中包含

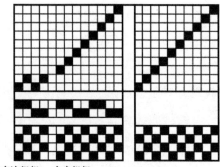

布边组织　　布身组织

图3-3-7　平纹组织上机图实例

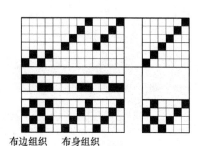

布边组织　　布身组织

图3-3-8　斜纹组织织物上机图实例

布边组织和布身组织。

本次实验选用50号钢筘，即50个筘齿/10cm。安装钢筘时，将钢筘插入筘槽，然后用螺栓固定；确定综框数，如图3-3-7中穿综图所示，布边组织需要两片综框，布身组织需要八片，总共需要十片综框；如图3-3-8中穿综图所示，布边组织需要两片，布身组织需要四片，总共需要六片综框；整理综框，将综框中的综丝全拨至右侧，以防止穿经从右侧综丝中按次序拨出综丝穿经时，因预留综丝不足而经纱不能穿满幅。

③穿综过筘与纱线张力调整。穿综是将绑在经轴上的经线根据穿综图按从左至右的顺序依次穿入各片综框上的综丝。穿综步骤是：先查看穿综图，确定待穿入经纱应穿在第几片综框，从该片综框中顺次取出一根综丝；从经轴上的经条中取出一根经纱，放至待穿综丝的综眼处，从小样机前方用穿综钩伸入综眼然后钩出经纱，完成一根穿经；重复上述穿经动作穿满边经后再穿布身组织经纱；待穿足布身组织经纱数后，按照穿综图的边经穿法，再穿边经。

穿筘是将已穿好综的经丝根据穿筘图依次穿过钢筘的每个筘齿中。穿筘前需要规划钢筘筘齿穿入数，本实验由于经线原料较粗，筘号相对较小，因此采用两根一筘的穿入数。穿筘前需要估计门幅范围，尽量使经纱从经轴到综框到钢筘保持直线并且保证筘齿数量足够，而不要使经纱有太大的曲折；将钢筘取下平插入前方的筘座，如图3-2-3所示，使用穿筘刀穿筘，使用方法详见筘刀的相关内容；待依经纱次序穿满钢筘后，将钢筘插回筘座；在钢筘前梳理经纱，再分成两股分别拉紧绑定在卷绕轴的绑布条上；经纱张力调整，顺时针转动小样织机右下方的织轴转动手柄，织轴向后退从而增大经纱张力，如发现经纱张力不匀则需在卷绕绑布条上松解梳理使经纱张力均匀，然后重新绑紧该股经条。

④纹板图输入文件保存。打开半自动小样织布机控制电源，按"2.5"章节中有关半自动小样机纹板输入的操作规程，输入图3-3-7和图3-3-8上机图中的纹板图，并保存。

⑤纬线准备与小样织造。选择纬线原料，本实验以涤/黏毛染色纱作为纬纱原料。制作纬纱管，将空的纬纱管插入卷纬器转轴，在纬纱管上绕数圈纬纱后打开卷纬器，启动电源，纬纱管自动卷绕纬纱；在卷绕过程中，需要引导筒子上的纱线均匀卷绕在纬纱管上。结束后关闭卷纬器电源，拔出纬纱管。

正式织造时，打开气阀综框提升形成开口，查看开口是否清晰，如果不清晰则需要转动经轴和卷取辊，增加经纱张力。引纬时，用卷绕着纬纱的纬纱管从织物一端穿过开口到另一端引入纬纱。打纬时，向前扳动钢筘打纬，打纬时力量应适中，如果力量过小则纬密较小，织物显得稀松；如果力量过大则织物过于紧密。打纬完毕后，综框根据下一纹板自动提升，扳回钢筘形成开口，穿回纬纱管引入下一纬，再扳动钢筘打纬，如此循环。

⑥织造长度测量与组织、纬线变化。织造长度达到大约15cm后，可以进行组织、纬线的变化；组织变化时需要注意所设计的组织必须与机上的穿综图一致，否则会与实际织出的织物组织不符；纬线的变化可以改变纬纱的颜色、细度、纬纱排列比等，使织物展现不同的风格效果。

⑦织造检查后下机与小样整理。织造时如发现有断经现象，需要取一根新的经纱与断纱末端打结后在原位穿综过筘，织入几纬后将浮于织物表面的断头剪除；织造结束后，用剪刀剪断经纱，取下织物，修剪两端布边，对织物进行适当的整理，清理小样织机上的残余纱线，松绑绑布条上的纱线，剥清纬纱管上的纱线，整理好穿综钩、穿筘刀等工具。实验完毕后，根据设计应用技巧和织物风格效果需要，对织物小样实施煮练、熨烫定形等后处理，使之成为成品织物小样，方可见织物真实的外观风格特征。

3.3.5 实验记录

（1）填写织物织造上机工艺规格表（表3-3-1）。

表3-3-1 小样织物织造规格单

织物组织名称：			
成品规格		织造规格	
门幅	____cm	钢筘	内幅____cm + 边幅____cm×2＝外幅____cm
经密	___根/10cm		筘号：___号 穿入数：___入
纬密	___根/10cm	经线数	内经丝数：___根＋边经：___×2根＝总经线数：___根
		经线组合	
克重	____g/m²	纬线组合	
织物组织 与上机图	a. 布边组织　　　b. 布身组织 　　　　（1）织物组织		（2）上机图

续表

织物组织名称：			
成品织物 小样外观		经向 剖面图	
		纬向 剖面图	

（2）小样试织效果与分析。

①小样织物大小与质量评价（织物成品尺寸、织物品质质量）。

②小样织物外观风格与织疵分析（织物外观效应和表面疵点分析）。

③试织过程的主要问题与解决措施（穿综、开口、经纱张力、断经、布边、卷边等）。

（3）学生部分实验作品。近几年来，本专业学生第二次上机试织的原组织织物小样代表性上机图方案与作品外观效果，见表3-3-2。

表3-3-2　织物上机图与织物小样试织效果

序号	织物组织上机图	织物小样试织效果
1	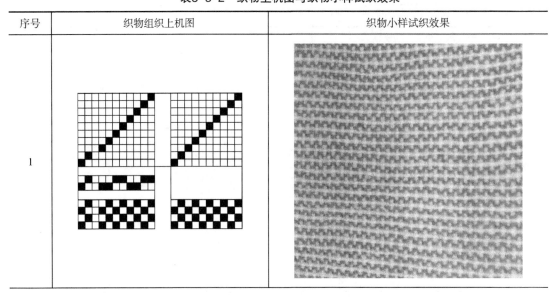	

续表

序号	织物组织上机图	织物小样试织效果

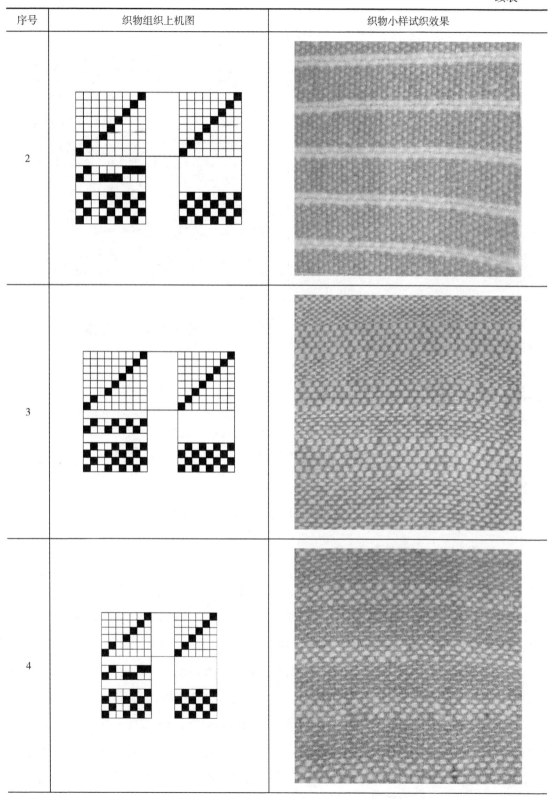

续表

序号	织物组织上机图	织物小样试织效果
5	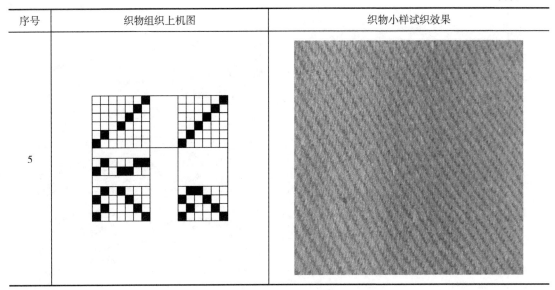	

3.4 变化组织、联合组织设计与织物试织实验

3.4.1 实验目的

（1）了解变化组织、联合组织的上机工艺条件及其对织机开口方式的要求。

（2）明确变化组织和联合组织的构成方法与设计应用技巧，并验证组织结构参数与织物外观特征的关系。

（3）进一步熟练掌握半自动小样织机的结构、工作原理与操作规程。

3.4.2 基本知识预习准备

（1）变化组织的概念与构成方法。变化组织是以原组织为基础，通过扩大完全组织循环纱线数、增加组织点、改变组织点飞数等方法加以变化（如改变组织点的浮长、飞数、斜纹线的方向等）而获得各种不同的组织。这些组织统称为变化组织。

①平纹变化组织构成方法。在平纹组织的基础上，沿着经纱（或纬纱）一个方向延长组织点，得到重平组织，或沿着经纱和纬纱两个方向同时延长组织点，得到方平组织。

②斜纹变化组织的构成方法。斜纹变化组织是在原斜纹组织的基础上加以变化得到的。采用延长组织点浮长，改变组织点飞数的数值或方向（即改变斜纹线的方向），或同时采用几种变化方法，可以得到各种各样的斜纹变化组织，主要有加强斜纹、复合斜纹、曲线斜

纹、角度斜纹、山形斜纹、破斜纹、菱形斜纹、锯齿形斜纹、芦席斜纹、螺旋斜纹、阴影斜纹、飞断斜纹等诸多斜纹变化组织。斜纹变化组织花形多变，美观大方，可用于服用织物、装饰织物等各类织物的设计。

③缎纹变化组织构成方法。缎纹变化组织多数采用增加经（或纬）组织点、变化组织点飞数或重复组织循环渐变组织点数目的方法获得。如加强缎纹，是以原组织的缎纹组织为基础，在单个经（或纬）组织点上方和右侧依次等量添加单个或多个经（纬）组织点而形成的。变则缎纹则是在一个组织循环中，将飞数改为变数，使原本不符合原组织构成条件的R与S组合变为现实可织造的组织。缎纹变化组织有加强缎纹、变则缎纹、重缎纹、阴影缎纹等品种。

④变化组织的组织图和上机图绘制方法。

首先选定基础组织。例如，以$\frac{3}{3}$↗斜纹作为基础组织绘制一个$K_j = K_w = 9$的菱形斜纹组织，首先绘制一个$\frac{3}{3}$↗斜纹基础组织如图3-4-1（a）所示，再依据K_j、K_w按照公式$R_j = 2K_j - 2 = 16$，$R_w = 2K_w - 2 = 16$计算出菱形斜纹组织的完全组织循环纱线数R_j、R_w，并画出组织图意匠范围；在意匠纸左下角画出菱形斜纹基础部分，再按照山形斜纹的画法，画出经山形斜纹。以第K_w根纬纱为对称轴，画出其余部分，完成组织图如图3-4-1（b）所示。

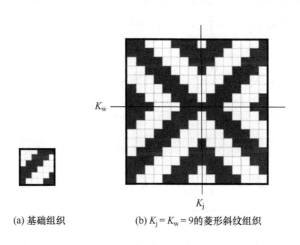

K_w

K_j

(a) 基础组织　　　(b) $K_j = K_w = 9$的菱形斜纹组织

图3-4-1　菱形斜纹组织图绘制

以菱形斜纹上机图为例，如图3-4-2所示。

（2）联合组织的概念与构成方法。联合组织是将两种或两种以上的组织（原组织或变化组织），按照某种方式组合在一起而成的新组织。构成联合组织的方法是多种多样的，可能是两种组织的上下、左右及上下左右同时合并，也可能是一个组织纱线次序的重新排列或两种组织纱线按一定规律的交互排列，以及在某一组织上按另一组织的规律增加或减少

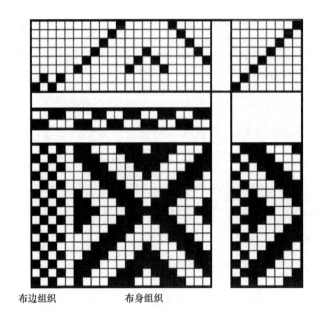

布边组织　　　　　　布身组织

图3-4-2　菱形斜纹织物上机图

经组织点或者两个组织的重叠等。因此联合的方法有组织并列法、重叠法、纱线重排法、嵌套法、旋转法、底片翻转法等。按照各种不同的联合方法，可获得多种不同的联合组织，其中应用较广泛且具有特定外观效应的主要有条格组织、绉组织、透孔组织、蜂巢组织、浮松组织、凸条组织、网目组织和平纹地小提花组织等。

联合组织组织图与上机图绘制。

①选择联合组织的种类和基础组织。以粗梳毛织物海力司的纵条纹组织为例，选择以 $\frac{1}{3}\nearrow$ 斜纹和 $\frac{3}{1}\nwarrow$ 斜纹作为基础组织，如图3-4-3（a）所示。其中，$\frac{3}{1}\nwarrow$ 斜纹是由 $\frac{1}{3}\nearrow$ 斜纹通过"底片翻转法"得到，即两个原组织的经、纬组织点完全相反。因此，要特别注意 $\frac{3}{1}\nwarrow$ 斜纹的组织起点，为确保纵条纹分界线清晰、条纹美观活泼，应使其两侧相邻经线上的组织点性质相反、斜纹斜向也相反。

②计算 R_j、R_w，绘制组织图。把完全组织循环划分成两个区域，左边为 $\frac{1}{3}\nearrow$ 斜纹组织，$R_{j01} = R_{w01} = 4$；右边为 $\frac{3}{1}\nearrow$ 斜纹组织，$R_{j02} = R_{w02} = 4$。按照 $R_j = R_{j01} + R_{j02}$、$R_w = R_{w01}$ 与 R_{w02} 的最小公倍数的原则，计算出纵条纹组织的完全组织循环：$R_j = R_{j01} + R_{j02} = 8$，$R_w = R_{w01}$ 与 R_{w02} 的最小公倍数 $= 4$。依据 R_j、R_w 绘制组织图如图3-4-3（b）所示，在完全组织循环单元意匠范围内，以分界线为界分别在左边填绘 $\frac{1}{3}\nearrow$ 斜纹组织、在右边填绘 $\frac{3}{1}\nwarrow$ 斜纹组织，完成组

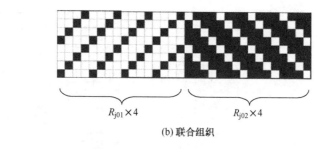

(a) 基础组织　　　　　　　　　(b) 联合组织

图3-4-3　纵条纹组织图绘制

织图。为了上机图清晰美观、纹板图输入方便，可取 R_w 的倍数。

实际应用中，应以美观和用途需要首先确定条纹宽度，再依条纹宽度和经纱密度计算条纹经纱根数，并分别修正成 R_{j01} 和 R_{j02} 的整数倍（n倍）。对粗梳毛织物海力司而言，条纹宽度一般为2cm左右，左右两个组织的经线根数分别约为16或24，则 $n=4$ 或6；而且经、纬两种纱线颜色选用对比强烈的不同色彩。

③上机图绘制。根据经纬纱原料规格特点、组织种类与构成方法，选择合理的上机工艺条件，尤其是根据组织种类和织物外观（花形）需要确定综框数和穿综方法，并确定布边组织，按照边经线在前、布身内经线在后的原则，绘制上机图。上述纵条纹组织的上机图绘制，如图3-4-4所示。注意穿筘图和穿综图与组织图配合时，一定要考虑穿筘图的完整循环。

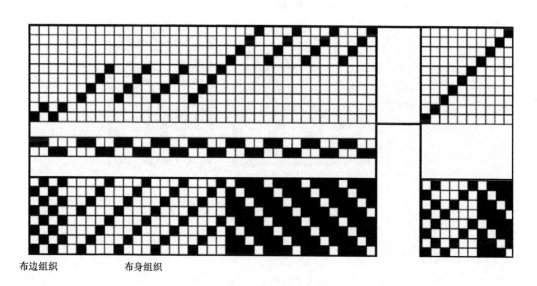

布边组织　　　　布身组织

图3-4-4　海力司织物纵条纹组织上机图实例

其他变化组织和联合组织织物参考上机图实例，如图3-4-5和图3-4-6所示，其中的变化方平组织与变化透孔组织可共用一个穿综图。

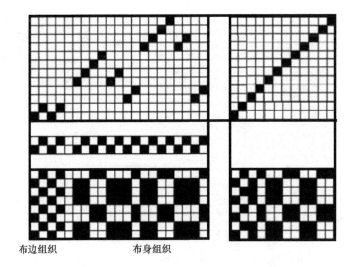

布边组织   布身组织

图3-4-5 变化组织织物上机图实例

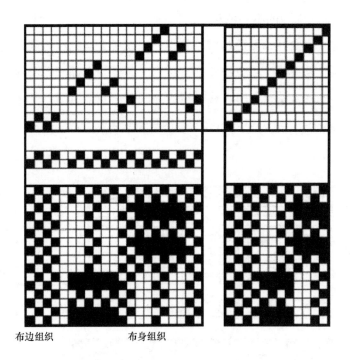

布边组织   布身组织

图3-4-6 联合组织织物上机图实例

（3）配色模纹图及应用。

①概念与构成。利用两种以上颜色的纱线与织物组织相配合获得的色彩与组织复合效果，称作配色模纹。配色模纹的效果单凭组织或色纱的单一变化是无法实现的，必须考虑组织与经纬向色纱排列的配合。表示织物配色模纹实际外观色彩效果及其形成方法的图解，称作配色模纹图。配色模纹图可以用意匠纸分成四个区来表示，如图3-4-7所示，Ⅰ区为织

物组织，Ⅱ区为色经排列顺序，Ⅲ区表示色纬排列顺序，Ⅳ区表示配色模纹效果。

其中，配色模纹色经排列循环为色经排列重复一次所需的经纱数，色纬排列循环为色纬排列重复一次所需的纬纱数，配色模纹的大小等于组织循环数与色纱排列循环数的最小公倍数。

②配色模纹的绘制方法。

a．依据配色模纹图构成格式分别绘出组织图、色经循环和色纬循环，并计算配色模纹纱线数、确定配色模纹大小。

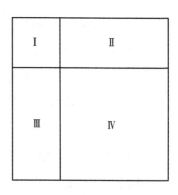

图3-4-7　配色模纹图的构成格式

如图3-4-8（a）所示，采用图中的菱形斜纹组织，色经排列为2A4B、色纬排列为4A2B，色经、色纬循环都为6，则配色模纹循环的经纱数与纬纱数也等于6。而织物组织的R_j、R_w均为6，因此，配色模纹循环最小为6×6。因此，确定色经、色纬图中的经纬纱根数分别为6。

b．在色经下方和色纬右侧范围（即Ⅳ区域）内填绘组织图，如图3-4-8（b）所示。

c．根据经、纬纱的颜色，在配色模纹效果的所有经组织点处涂绘经纱的颜色，而在纬

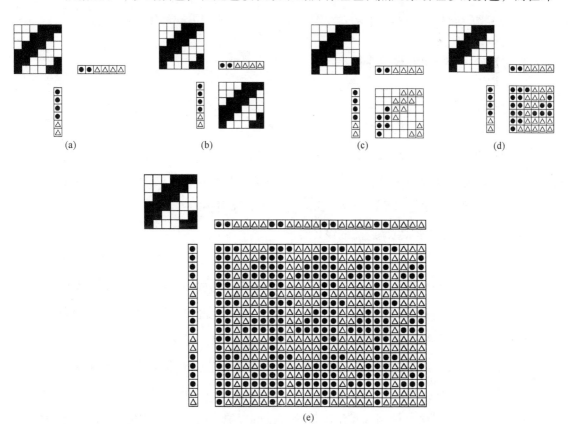

图3-4-8　变化斜纹组织配色模纹图的绘制实例

组织点处涂绘纬纱的颜色，如图3-4-8（c）和图3-4-8（d）所示。

图3-4-8（d）即为所绘织物配色模纹图，其中，配色模纹效果由A（▣）、B（△）两种颜色构成。由于该图中的配色模纹效果仅仅为一个循环，不易直观看出所形成织物的大面积整体花形色彩效果，因此，实际设计中往往将色经色纬图扩大数个循环，以展示配色模纹的整体效果和花形特点，如图3-4-8（e）所示。现在，纺织品CAD技术为配色模纹图设计和配色模纹整体效果模拟展示提供了非常便捷的方法和途径。

利用各种颜色的经、纬纱线与织物组织相配合，可以在织物表面形成各种不同色彩配合的花形图案，并且所得到的织物色彩花形图案都是四方连续的，因此赋予色织物外观以很强的立体感，广泛用于棉、麻、丝、毛、化学纤维各类织物中。

3.4.3 实验准备

（1）材料。纯棉及涤/棉色纺纱股线，原液着色涤纶丝（FDY或DTY）加捻合股线。

（2）设备。SGA598半自动小样织布机，电磁炉、不锈钢锅、蒸汽熨烫台、织物小样烘干定型机。

（3）工具。手摇整经架、电动卷纬器、穿综钩和穿筘刀、纬纱管、剪刀等。

3.4.4 实验内容和实验步骤

（1）实验内容。

①变化组织的概念、构成方法与具体组织设计。

②联合组织的概念、构成方法与具体组织设计。

③织物织造上机条件的确定与上机图设计绘制。本实验要求设计、试织变化组织和联合组织织物小样各一款，因此，两种组织上机图的穿综图必须一致。

④色纱排列与织物配色模纹图的设计绘制。

（2）实验步骤。

①原料选用与经纬纱线准备。本次实验选用纯棉及涤/棉色纺纱股线或原液着色涤纶丝（FDY或DTY）加捻合股线，分别作为经线和纬线。原则上经纬纱原材料成分应相同，但是在经线选用原液着色涤纶丝（FDY或DTY）加捻合股线时，建议尽量选用接近或略粗规格的短纤纱或无捻DTY束丝作为纬线，这样有利于大生产中节省成本和提高生产效率。

a. 经纬线原料选用与纱线线型、经纬密度等规格参数的确定。

首先确定原料规格，使用称重法测量分别得到经纬纱线原料的细度（tex），使用捻度仪测量经纬纱线单纱股线的捻度值（捻/10cm）和合股数。

一般经纱采用的原料较好，上机张力大，丝线平整，对织物的质地有较大影响。参考表3-2-1确定织物成品经纬密度，该表在单层组织结构下适用；在确定纬密时如无特殊要求，依据基础组织选择经纬密度，如前所述，一般平纹织物纬密少于经密的10% ~ 20%，斜纹为20% ~ 30%，而缎纹则可在40%左右。

b. 总经线根数的计算与确定。根据实验要求的小样织物成品幅宽（布身组织构成的织物内幅，本次实验要求为20cm），设计计算织物的上机（穿筘）幅宽内经线根数和总经线根数。

$$总经丝根数 = M_n + M_b \times 2。$$

M_n = 织物成品经密 × 设计幅宽，并修正成R_j的整数倍；M_b是边纱根数，M_b = 16或20。

c. 所需色纱根数设计与经线准备。再根据配色模纹设计图色经排列计算每种色经线的具体根数。例如，本例中配色模纹设计图色经排列为2A4B，A、B两色的经纱根数比例为1：2，因此，所需A色经线根数 = 修正后的内经线根数 × 1/3，所需B色经线根数 = 修正后的内经丝根数 × 2/3。

在手摇整经架上分别分批摇取A、B两色经纱，每色分成2 ~ 4股经条，每股40 ~ 60根；将经条头端绑定在经轴上的绑布条上，理清梳顺经条后准备穿综。

d. 纬纱卷取备用。选择并清理干净纬管，在电动卷纬器上摇取所需各色纬纱线待用。初次卷纬速度不要太快，纬纱卷绕位置和手工导纬配合熟练后可适当加速。

②上机图绘制与配色模纹设计。根据织物组织设计要求，画出上机图。上机图包含组织图、穿筘图、穿综图、关系图、纹板图。其中组织图中包含布边组织和布身组织，布边组织与布身组织间空一列。在根据穿综图和关系图画纹板图时注意布边组织与布身组织的纹板间没有空隙。如图3-4-5和图3-4-6所示。

绘制配色模纹前先确定色经循环和色纬循环。例如，本例中配色模纹设计图色经排列为2A4B，色纬排列为4A2B，所以色经循环和色纬循环均为6，则配色模纹循环等于6。

在如图3-4-7所示的分区图上的相应位置内绘制组织图、色经及色纬的排列顺序，并在配色模纹循环内填绘组织图。根据色经的排列顺序，在相应色经的纵行内的经组织点处，涂绘色经的颜色，同样在相应色纬横行的纬组织点处，涂绘色纬的颜色，从而完成配色模纹循环设计。

③钢筘、综框的选用整理和穿经。

a. 钢筘的选用与安装。本次实验选用120号 ~ 140号钢筘，将所选钢筘清理干净，对准插入筘槽，然后用螺栓固定；根据经线细度、上机经密和织物组织确定每筘齿穿入数，注意一定要与上机图上的穿筘图一致。

b. 综框的选用与验证整理。依据上机图确定综框数和穿综方法，依此从机前向机后选用综框。其中，布边组织需要2～4片综框、布身组织需要12～14片（具体要依上机图确定）综框。验证各片综框都能正常升降后，整理综框，将综框中的综丝全拨至右侧待穿，注意应预留综丝，防止综丝数量不足而导致经纱不能穿满幅。

c. 穿经过筘与纱线张力调整。穿经按从左至右的顺序依次穿。先按穿综图所示确定待穿入的是第几片综框，从该综框中顺次取出一根综丝；先穿边经，从经轴上的纱条中取出一根经纱，放至待穿综丝综眼处，从小样机前方用穿综钩伸入综眼钩出经纱，完成一根穿经；重复上述穿经动作穿满4根小边经后再穿大边经6根；穿正身经纱，待穿足布身组织经纱数后，按照穿综图的边经穿法，再穿10根边经。

穿筘前需要先规划钢筘门幅范围，尽量使经纱从经轴到综框到钢筘保持直线并且保证筘齿数量足够，而不要使经纱有太大的曲折；将钢筘取下平插入前方的筘座，如图3-2-4所示，使用穿筘刀穿筘，使用方法详见2.9章节有关穿筘刀的使用方法；待依经纱次序穿满钢筘后，将钢筘插回筘座；在钢筘前梳理经纱，再分成两股分别拉紧绑定在卷绕轴的绑布条上。

经纱张力调整，顺时针转动小样织机右下方的织轴转动手柄，织轴向后退从而增大经纱张力，如发现经纱张力不匀则需从卷绕绑布条上解下并重新梳理使经纱张力均匀后，绑紧该股经纱条。

④纹板图输入与小样织物织造。打开半自动小样织布机控制电源，按2.5章节中有关半自动小样机纹板输入的操作规程输入纹板图，并保存。

按照2.5章节中有关半自动小样机的操作规程规定进行织造操作。正式织造前，打开气阀综框提升形成开口，首先选用较粗糙的粗纺棉纱4～6根合并成的纱条当纬线用，连续织入数纬（R_w根纬线，或将待用纬纱条织完）后，换成正式纬纱管进行织造。注意观察纹板图显示窗，先用A色纬连续织造，达到一个完整配色模纹循环后，开始严格按照色纬配色循环依次选择对应色纬管连续织造，直至织物长度符合要求。

⑤织造长度测量与组织、纬线变化。顺利织造长度达到约30cm后，输入第二设计方案（联合组织）组织纹板图、换用第二色纬排列方案进行组织（纹板图）和纬线变化。组织变化时，需要注意再次检查所设计的两个组织（变化组织和联合组织）织物上机图上的穿综图是否完全一致，否则，实际织出的织物组织会与设计不符。纬线的变化可以根据配色模纹设计图改变纬纱的颜色、细度、纬纱排列比等，例如，前述实例中配色模纹设计图色纬排列为4A2B，A、B两色的纬纱根数比例为4：2，因此，在织造时先织4根A色纬纱，再织2根B色纬纱，如此循环往复。

⑥织造检查后下机与小样整理。织造时如发现有断经现象，需要取一根新的经纱与断纱末端打结连接后，在原位穿综过筘，织入几纬交织紧密后将浮于织物表面的断头剪除；织造结束后，用剪刀剪断织物前后经纱，取下织物，修剪两侧布边待后处理加工，清理小样织机上的残余纱线，松绑绑布条上的纱线，剥清纬纱管上的纱线，整理好穿综钩、穿筘刀、剪刀等工具，并清理小样织机和周边地面卫生，进行实验现场验收交接后，实验完毕。根据实验要求，还需找实验指导老师，预约相关织物后处理加工实验，并对织物进行适当的煮练、熨烫或烘干定形整理后，剪取标准样品，完成实验数据整理和撰写报告。

3.4.5 实验记录

（1）填写织物织造上机工艺规格表（表3-4-1和表3-4-2）。

表3-4-1 变化组织小样织物织造规格单

织物组织名称：			
成品规格		织造规格	
门幅	____cm	钢筘	内幅____cm + 边幅____cm×2＝外幅____cm
经密	__根/10cm		筘号：__号 穿入数：__入
纬密	__根/10cm	经线数	内经丝数：__根+边经：__×2根＝总经线数：__根
克重	____g/m²	经线组合与色经排列	
		纬线组合与色纬排列	
织物组织与上机图			
	a. 布边组织　　　　b. 布身组织		
	（1）织物组织		（2）上机图

织物组织名称：

成品织物小样外观		经向剖面图	
		纬向剖面图	

表3-4-2 联合组织小样织物织造规格单

织物组织名称：

成品规格		织造规格	
门幅	____cm	钢筘	内幅____cm＋边幅____cm×2＝外幅____cm
经密	__根/10cm		筘号：__号 穿入数：__入
纬密	__根/10cm	经线数	内经丝数：__根＋边经：__×2根＝总经线数：__根
		经线组合与色经排列	
克重	____g/m²	纬线组合与色纬排列	

织物组织与上机图	a. 布边组织　　　　b. 布身组织 　　（1）织物组织　　　　　　　　　　　（2）上机图

续表

织物组织名称：			
成品织物小样外观		经向剖面图	
		纬向剖面图	

（2）小样试织效果与分析。结合所设计、试织变化组织和联合组织两种组织成品织物小样的外观品质质量效果、织造过程的实际现象和感受，分别分析说明以下问题。

①小样织物大小与质量评价（织物成品尺寸、织物品质质量）。

②小样织物外观风格与织疵分析（织物外观效应和表面疵点分析）。

③试织过程的主要问题与解决措施（穿综、开口、经纱张力、断经、布边、卷边等）。

（3）学生部分实验作品。近几年来，本专业学生第三次上机试织的变化组织和联合组织织物小样代表性作品欣赏，见表3-4-3。

表3-4-3　典型织物上机图与织物小样试织效果欣赏

序号	织物组织上机图	织物小样试织效果
1	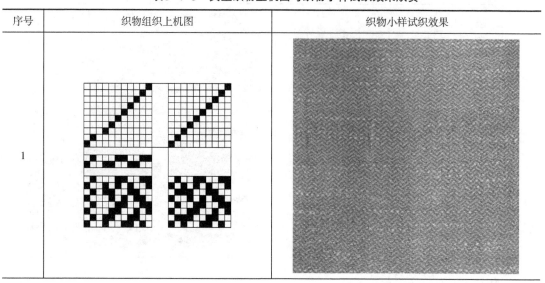	

续表

序号	织物组织上机图	织物小样试织效果
2		
3		
4		

序号	织物组织上机图	织物小样试织效果
5	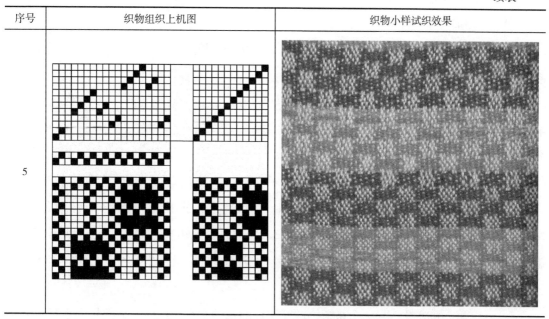	

3.5 复杂组织设计与织物试织实验

3.5.1 实验目的

（1）明确复杂组织的构成方法与应用技巧，熟悉复杂组织上机工艺条件。

（2）了解电子气动多臂开口剑杆引纬半自动小样织布机的结构与工作原理，掌握半自动小样织机的操作规程与注意事项。

（3）设计重组织和双层组织织物各一款，验证其结构参数、上机工艺条件与织物外观特征的关系，初步训练创新设计与新产品开发的基本功。

3.5.2 基本知识与技能要求

（1）复杂组织构成方法与种类。

①概念特征与应用。在复杂组织织物中，其经线和纬线至少有一种是由两个或两个以上系统的纱线组成。这种组织结构，能够在保持织物柔软活络特征的前提下增加织物的厚度和坚牢度，或改善织物的透气性而结构稳定，或提高织物的耐磨性而质地柔软，从而获得简单组织织物无法实现的一些结构性能和某种外观风格，广泛应用于鞋面料、风衣、大衣和秋冬季裤料等较厚实的服装面料和窗帘、沙发布、毛巾、蚊帐、浴帘等家纺装饰面料，

以及传输带、安全带和各种增强、过滤等复合材料产业用技术织物中。

②基本构成方法与特点。

a. 由若干系统经纱和一个系统纬纱或一个系统经纱和若干系统纬纱交织，在织物中多系统经纱或纬纱相互成重叠状分布。

b. 由若干系统的经纱和若干系统的纬纱相互交织，构成两层或两层以上的织物结构，层与层之间根据需要可以分开，也可以按一定方法接结在一起，形成重组织、管状组织、多幅组织、袋状表里换层组织或表里接结组织。

c. 由某一系统的经纱（或纬纱）与纬纱（或经纱）交织成地组织，而另一系统的经纱（或纬纱）与纬纱（或经纱）交织成起绒组织。那些构成起绒组织的经纱（或纬纱），在交织后卷取时或后整理过程中被割断（或钢针起毛使部分纤维端被拉出或割断），再经毛刷辊刷毛使纱线被割断的端头部分解体，纤维被梳散成蓬松的毛羽，在织物表面形成簇状竖立的毛绒。

d. 利用两个系统经纱与一个系统纬纱交织，结合两个系统经纱张力差异和送经量大小的不同，并配合特殊打纬方法，以构成毛巾组织，这种组织所织成的织物表面具有较为厚实丰富的毛圈。

e. 利用两个系统经纱与一个系统纬纱交织，借助特殊的绞综装置使一个系统经纱围绕另一系统经纱发生左右扭绞，从而在比较稀疏的经纬密度下构成稳定的纱罗组织，所形成的织物表面具有稳定的孔眼。

③常见种类。根据构成方法与实际结构的不同，复杂组织的种类主要分为以下几种。

重组织：重经组织、重纬组织。

双层组织：管状组织、双幅组织、表里换层双层组织、接结双层组织。

多层组织：三层组织、四层组织、多幅组织和多层角度联锁组织。

起绒组织：纬起绒组织、经起绒组织。

毛巾组织：三纬毛巾组织、四纬毛巾组织、素色毛巾组织和表里换层提花毛巾组织。

纱罗组织：纱组织、罗组织、花式罗组织。

（2）组织图设计。复杂组织的构成方法与种类繁多，但各种原组织、变化组织和联合组织，都可作为复杂组织的基础组织。本课程实验重点设计和试织验证经二重组织、表里换层双层组织和多层角度联锁组织。

①经二重组织。经二重组织是由两个系统的经纱与一个系统的纬纱交织而成，其织物呈现两个系统经线重叠的双面效应。其表经线与纬线交织构成织物正面，称作表面组织；里经线与同一纬线交织构成织物反面，称作反面组织，反面组织的里面在织物内部称作里

组织。经二重组织一般用于织成较厚实的高级精梳毛织物作秋冬季制服、礼服面料和化学纤维长丝双面异色窗帘布，有时也用以织成经起花织物。

a. 基础组织选择。经二重组织设计的原则之一，就是必须实现表里经组织点的充分遮盖，织物正面里经组织点不能"露底"。因此，其表组织若为经面组织时，里组织可以选双面组织或纬面组织；表组织若为双面组织时，里组织只能选纬面组织；其表里基础组织的完全循环纱线数可相同，也可不相同（此时，$R_{jb} > R_{jl}$，最好是 $R_{jb} = 2R_{jl}$ 或 $3R_{jl}$）；若是斜纹组织，表、里基础组织的斜向还须一致。经二重组织织物正反两面均可以显经面效应，也可以呈现双面异组织的异面效应。为了在织物正面使表经的经浮长线将里经线的经组织点充分遮盖，必须将里经线的短浮线或单个经组织点配置在相邻两根表经浮长线之间，并在一个完全组织循环内使纬线与表里经线的交织次数尽可能相同，确保表里经织缩率一致，以实现表里经同轴顺利织造。因此，经二重组织的基础组织选用，不仅要考虑表里组织的完全组织循环纱线数尽可能相等或成整数倍关系，还要特别注意表里组织的组织点起点选择。

本例选用 $\frac{3}{1}$↗ 斜纹作表组织，$\frac{1}{3}$↗ 斜纹作里组织，如图3-5-1（a）和图3-5-1（b）所示。通过经、纬向截面图观察表、里经线与纬线交织情况，可以直观分析判断表、里组织配置是否合理，如图3-5-1（c）所示。

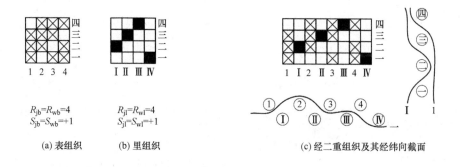

图3-5-1　经二重组织设计实例

b. 组织图绘制。确定好基础组织后，开始绘制经二重组织图，还需确定表里经纱排列比并计算经二重组织的完全组织循环纱线数 R_j、R_w。表里经纱排列比与表里经纱细度和表里经密度有关，需根据织物正面风格要求来确定，一般常用的排列比为1：1或2：1。当表里经纱线密度与密度相同时，可采用1：1的表里经纱排列比；当表经纱比里经纱细得多、表经密比里经密也大得多时，则采用2：1的表里经纱排列比。确定好排列比后，进行经二重组织的组织循环纱线数的确定。当表里经的排列比为 $m:n$，表组织的组织循环纱线数为 R_m，里组织的组织循环纱线数为 R_n 时，则经二重组织的组织循环纱线数 R_j 可按下式计算：

$$R_j = \left(\frac{R_m \text{ 与 } m \text{ 的最小公倍数}}{m} \text{ 与 } \frac{R_n \text{ 与 } n \text{ 的最小公倍数}}{n} \text{ 的最小公倍数} \right) \times (m+n)$$

经二重组织的组织循环纬纱数（R_w）等于表、里基础组织完全组织循环纬纱数的最小公倍数。

本实验实施以 $\frac{3}{1}\nearrow$ 斜纹作表组织、$\frac{1}{3}\nearrow$ 斜纹作里组织的经二重组织为例。

计算得出组织循环数后，在意匠格一个组织循环范围内，按表里经纱排列比划分表里区，并用数字分别标出，然后，按排列比分别在表、里经纱线位置上按照所选定的基础组织填绘组织点，如图3-5-1（c）所示。

为了保证表里基础组织的组织点能很好地重叠遮盖，使重经织物表面具有良好的外观效应，必须符合重组织的构成原理，而且还必须使里经的经浮点尽可能配置在表经的经浮长线中间，且表里经组织点的排列方向相同。

②表里换层双层组织。表里换层双层组织，由于具有灵活多变的正方形或矩形外观花形、表里经纬纱配置灵活多样、明显的局部空心袋状结构赋予织物的高蓬松立体外观风格等特点，因此，广泛应用于秋冬季粗纺花呢女装面料、窗帘布、沙发布和浴帘布等。

a. 基础组织选择。表里换层双层组织的基础组织，分为甲组织和乙组织，分别由甲经甲纬和乙经乙纬交织而成，并按照织物外观花形需要交替充当织物局部的表组织和里组织。一般采用简单的组织作表、里层的基础组织。由于表、里两层是各自独立的，所以表、里组织可以相同，也可以不同，并且对表、里层组织的起始点位置无任何要求。因此，常

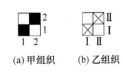

(a) 甲组织　(b) 乙组织

图3-5-2　表里层的基础组织

采用的基础组织有平纹、$\frac{2}{2}$ 方平、$\frac{1}{2}$ 斜纹、$\frac{2}{2}$ 斜纹等。其中，平纹组织应用最多，因此，本例选用平纹组织作为基础组织，如图3-5-2所示。

b. 织物花形设计与组织图绘制。在组织图绘制前，首先需要确定经、纬纱排列比，即构成表里换层织物的甲乙两种经纬纱线（即局部双层组织的表、里层经纬纱线）排列比，需根据纱线线密度和织物用途与性能风格特点确定，常采用1:1、2:2、2:1等，本实验实例采用1:1的排列比。

其次，还需要进行表里换层织物的外观花形设计，即表里换层织物按花形需要调换甲乙经纬纱在表里层的位置分工方案设计。两色经两色纬交织时，共可组合成四种显色方案，分别是甲经甲纬、甲经乙纬、乙经甲纬、乙经乙纬。在表里换层双层组织织物外观花形设计中，需要明确表层组织作为显色组织，例如，图3-5-3中A区显色组织是甲经甲纬（1，2，3，4……），B区显色组织是乙经乙纬（Ⅰ，Ⅱ，Ⅲ，Ⅳ……）。

再次，还要进行经、纬纱根数计算，即根据所设计织物花形和经纬密度，确定一个花形循环的经纬纱根数R_j、R_w，并修正成基础组织完全组织循环经纬纱根数的整数倍。实际品种设计应用中，表里换层组织织物的花形并不一定是正方形，往往是在表里换层完全组织单元基础上向四周不等距延伸R_j、R_w若干倍。

最后，按照双层组织的组织图绘制方法和原则，分别在A区和B区中填入双层组织的组织点，即可得到所设计表里换层双层组织织物的组织图，如图3-5-4所示。其中，图中组织点■是甲经甲纬交织点，组织点⊠是乙经乙纬交织点，组织点⊡是表经遇里纬时形成的经组织点。

图3-5-3　表里换层组织织物花形设计

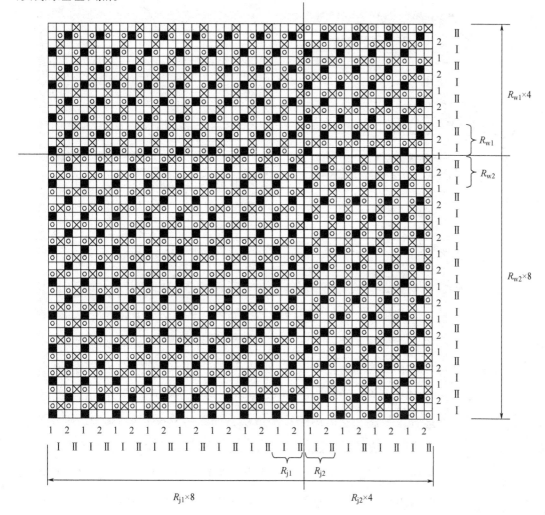

图3-5-4　表里换层织物组织图实例

③接结双层组织。接结双层组织，由于其在同等规格纱线线密度（细度）条件下，可以实现较大的织物厚度和较为灵活的表里经纬纱配置，赋予织物更好的透气性、柔软度等特点，因此，主要应用于鞋面布、大衣和风衣面料、秋冬季裤料，以及窗帘布、箱包布等装饰织物和高强度过滤材料、树脂基复合材料的增强体骨架材料等。

a. 基础组织选择。接结双层组织的基础组织，包括表组织、里组织和接结组织三种，因为接结方法的不同，接结组织的个数和构成纱线也不尽相同。以里经接结的"下接上"法接结双层组织为例，其接结组织只有一个，并由里经纱和表纬纱交织而成。如表组织若为$\dfrac{2}{2}\nearrow$斜纹组织，为了使织物正反面都不露出另一个系统经纱的短浮点，里层组织可以是$\dfrac{2}{2}\nearrow$组织（正反面同组织）或$\dfrac{1}{3}\nearrow$斜纹组织（正反面异组织），如图3-5-5（a）和图3-5-5（b）所示。采用$\dfrac{1}{3}\nearrow$斜纹组织作为"上接下"法接结组织连接表里两层，接结组织如图3-5-5（c）所示。里组织若是$\dfrac{2}{2}\nearrow$斜纹组织时，其纬向剖面图如图3-5-5（d）所示。当然，接结组织的选择，还与织物表里经纬线的排列比有关，原则是织物正反面（尤其是织物正面）不能"露底"，即：接结组织点一定要被表组织经浮长线充分遮盖。常用的表里经纬线排列比有1∶1、1∶2、2∶1等，根据表里经线粗细和织物风格、性能等要求确定，本实例采用的是1∶1的表里经纬线排列比。

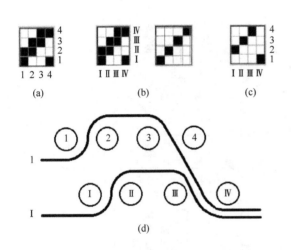

图3-5-5　接结双层组织的基础组织实例

b. 组织图绘制。有了基础组织和表里经纬纱排列比，就可以计算R_j、R_w，并绘制出接结双层组织的组织图。绘制时，要特别注意里组织和接结组织的组织点起点选择，具体方法和原则要求参考教材相关内容。根据表里经纱排列比1∶1，求得完全组织循环经纱数$R_j=8$，完全组织循环纬纱数$R_w=8$，取组织循环范围并进行经纬纱表里分工标注和基础组织平铺填绘，如图3-5-6所示。其中，组织点■为表经与表纬相交成的表层组织经组织点，组织点⊠为里经与里纬相交成的里组织经组织点，组织点◎为织入里纬时所有表经纱都要提起的组织点，组织点△为里经与表纬相交成的接结组织经组织点（即接结点）。

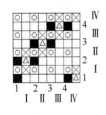

图3-5-6　表里接结双层组织织物组织图实例

④角度联锁多层组织。

a．结构设计与参数计算。角度联锁组织，主要用于背包带、安全带和传输带等对织物强度和柔韧性有很高要求的装饰及产业用织物结构设计。由于该类织物要求布边必须完整、光滑、圆润和美观，因此，只能在有梭织机上织制。设计角度联锁组织时，首先需根据织物厚度和强度要求确定织物组织的层数，层数越多，织物越厚实，强度越大，柔软性越差。

一般情况下，角度联锁组织织物的层数在3～6层，本实验以4层为例予以提示。所谓"角度联锁"，即为所有经纱均沿一定角度穿过各层。因此，首先根据层数需要画出织物纵向截面图，并找出经纱运动规律，如图3-5-7（a）所示。

完全组织循环纱线数R_j、R_w和经向飞数S_j等，按以下公式计算确定：

$$R_j = P + 1;$$
$$R_w = R_j \times P = P \times (P+1);$$
$$S_j = P;$$
$$f_m = 2P - 1。$$

其中，P是角度联锁组织织物的层数，f_m是最长浮线。

当层数$P=4$时，可以计算得到：$R_j=5$，$R_w=20$，$S_j=4$，最长浮线$f_m=7$。

b．组织图绘制。角度联锁组织的组织图绘制，首先要根据织物纵向截面图确定第1根经纱与完全组织循环内所有纬纱交织时的组织点性质，并在完全组织循环内填绘其组织点，然后，依第1根经纱的组织点和经向飞数S_j，画出其他各根经纱的组织点即可，如图3-5-7（b）所示。

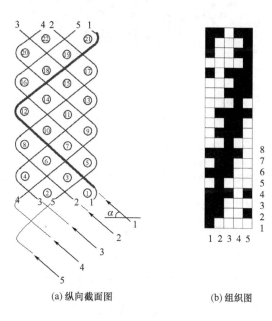

(a) 纵向截面图　　(b) 组织图

图3-5-7　角度联锁组织实例

（3）经纬向色纱排列与织物上机图设计。

①经二重组织。

a．经纬色纱排列。经二重组织要求织物正面外观质感和风格要比反面的好，因此，应采用条干均匀、色彩鲜艳的纱线作表经线。为了提高织造实验效率、节省实验时间，本实验要求经二重组织和表里接结双层组织共用同一个穿综图、同一批经纱，其经向色纱排列也相同。而纬向的色纱排列可以根据具体织物外观花形设计和功能需要做适当变化。因此，本实验提示的经二重组织实例的布身组织色纱排列为，色经排列：1A1B，色纬排列：1C。

其中，A、B分别为不同的纯棉（或涤棉混纺）色纺纱或者原液着色涤纶FDY（或DTY）合股线，C为细度规格略大一些的纯棉（或涤棉混纺）本色纱或原液着色涤纶FDY（或DTY）合股线。

b. 上机工艺条件与上机图。经二重组织由于经线有表里两个系统，因此上机采用多片综框"3个区分区穿"的基本穿综方法，其中，Ⅰ区穿平纹布边经，一顺穿；Ⅱ、Ⅲ区穿布身组织表里经，并采用前后两区分区"飞穿法"穿综，并且，表经线（甲经）穿前区（Ⅱ区）、里经线（乙经）穿后区（Ⅲ区）。本实验要求采用细度相对比较小的合股线作经线，经密又大，因此，需采用比较大的筘号（120~140号）；筘齿穿入数选表里经排列比之和且应为R_j的整数倍（或偶数分之一），如$\lambda = 2$或4根/齿。实例上机图如图3-5-8所示。

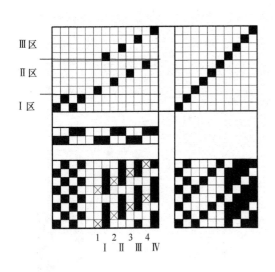

图3-5-8　经二重组织织物上机图实例

②表里换层双层组织。

a. 经纬色纱排列。根据织物外观花形和经纬密度确定经纬纱根数以后，按照织物组织结构和表里经纬（甲乙经纬）排列比确定织物经向和纬向的色纱排列。因此，本实验提示的实例布身组织色纱排列为，色经排列：1A1B，色纬排列：1A1B。

其中，A、B分别为不同的纯棉（或涤棉混纺）色纺纱或者原液着色涤纶FDY（或DTY）合股线。当$m = 40$，$n = 20$，$y = 4$时，总经线根数为：

$$M = [（1A1B）\times 2m + （1A1B）\times 2n] \times y + 边经纱根数 \times 2$$

$$= (2 \times 2 \times 40 + 2 \times 2 \times 20) \times 4 + 16 \times 2 = 1092$$

其中，y为织物外观花形的花数，即经二重组织纵条花和表里换层双层组织非对称方格花的循环数。

b. 上机工艺条件与上机图。

由于表里换层双层组织一般都是经纬密度很大的织物，经纱线又有表、里经（或甲乙经）的分工，布身组织所选综框数比较多，而且布边采用2片综框织平纹，需穿在最前面。因此，整个穿综图实际是由3个区构成，Ⅰ区穿平纹布边经，一顺穿；Ⅱ、Ⅲ区穿布身组织表里经，并采用前后两区分区"飞穿法"穿综，并且，表经线（甲经）穿前区、里经线

（乙经）穿后区。本实验要求采用细度相对比较小的合股线作经线，因经密大，因此，需采用比较大的筘号（120～140号）；筘齿穿入数选表里经排列比之和且应为R_j的整数倍（或偶数分之一），如λ=2根/齿或4根/齿。实例上机图如图3-5-9所示。

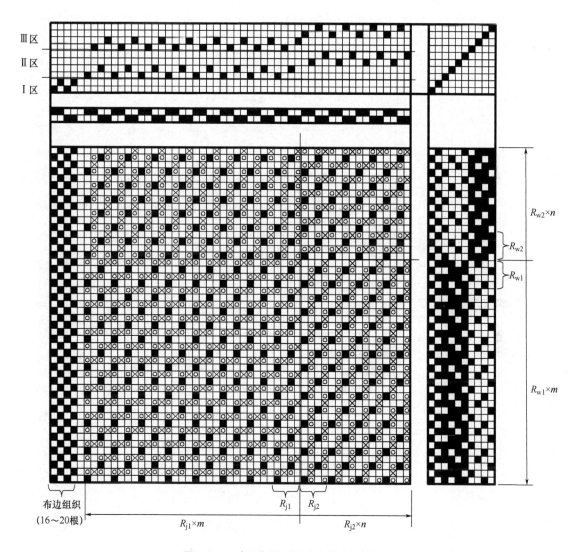

图3-5-9　表里换层双层组织织物上机图实例

③"下接上"表里接结双层组织。

a. 经纬纱线色纱排列。表里接结双层组织，一般采用品质质地较好的纱线原料作表经表纬，用稍差一些的纱线作里经里纬，以实现织物厚度的同时有利于降低成本。当然，也可以通过表里经纬原料不同实现织物的正反面异质效果，还可以通过采用黑色里纬实现织物的遮光效应。一般采用色彩不同的纱线原料分别作表里经纬纱线，并采用多色纱线的表经纬色纱排列获得比较丰富活泼的织物正面配色模纹花形效果，因此，当表里经纬排列比均为1∶1时，为了获得色织织物正面小花形、反面纯色的双面异花色织物外观效果，本实验实例布身组织色纱排列可以任选下列三个色纱排列方案之一。

方案一：正反面异色，且分别为纯色。色经排列：1A1B，色纬排列：1A1B。

方案二：纵条齿花形。色经排列：（1A1C）×2+（1B1C）×2，色纬排列：（1A1C）×2+（1B1C）×2。

方案三：四方连续犬牙花形。色经排列：（1A1C）×4+（1B1C）×4+（1A1C）×2+（1B1C）×2，色纬排列：（1A1C）×4+（1B1C）×4+（1A1C）×2+（1B1C）×2。

其中，A为红色或紫色涤纶彩色合股线，B为黑色或蓝色涤纶彩色合股线，C为麻灰色或纯色色纺纱合股线。

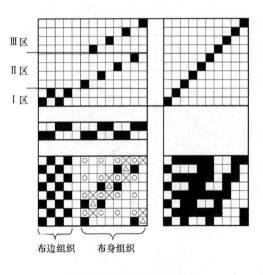

图3-5-10　接结组织上机图

b. 上机工艺条件与上机图。表里接结双层组织上机采用多片综框，与上述经二重组织织物相同，也采用"3个区分区穿"的穿综方法，其中，Ⅰ区穿平纹布边经，一顺穿；Ⅱ、Ⅲ区穿布身组织表里经，并采用前后两区分区"飞穿法"穿综，并且，表经线（甲经）穿前区、里经线（乙经）穿后区。本实验要求采用线密度相对比较低的合股线作经线，因经密又大，因此，需采用比较大的箱号（120～140号）；箱齿穿入数选表里经排列比之和且应为R_j的整数倍（或偶数分之一），如$\lambda=2$根/齿或4根/齿。实例上机图如图3-5-10所示。

④角度联锁多层组织。如前所述，四层结构角度联锁组织织物，其完全组织循环纱线数为$R_j=5$、$R_w=20$，因此，该组织织物上机试织时，色经色纬排列方案确定时，同一种颜色的经线根数应为$R_j=5$的整数倍，纬向色纱排列不限，最好用同一种色彩的色纱。有时为了获得比较美观的外观花形色彩，也采用彩条花形的色经排列，但纬纱色彩对织物整体色彩花形影响不大。例如，色经排列：20A20B40C20B20A；色纬排列：一纬常织。

由于该类组织一般选用较粗的高强彩色涤纶丝合股线，因此，钢箱应选用80～100号，箱齿穿入数一般为R_j的整数倍或整数分之一，本实验选$\lambda=5$入/箱。其四层角度联锁组织织物的上机图如图3-5-11所示。

3.5.3 实验材料、设备与工具

（1）材料。原液着色彩色涤纶丝、纯棉短纤纱及涤棉混纺色纱合股线。

（2）设备。SGA598型半自动小样织布机，电磁炉、不锈钢锅、蒸汽熨烫台。

（3）工具。手摇整经架、电动摇纬器、穿综钩和穿筘刀、纬纱管、剪刀等。

3.5.4 实验内容和实验步骤

（1）实验主要内容与目的要求。

①明确复杂组织构成方法与设计技巧，了解不同复杂组织的上机工艺条件。

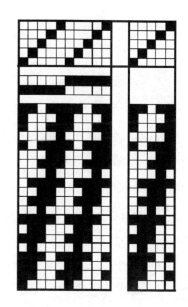

图3-5-11 四层角度联锁组织织物上机图

②熟悉复杂组织织物的设计内容，验证其织物结构参数与外观特征的关系。

③掌握半自动小样织机的结构、工作原理与操作规程，并熟练掌握复杂组织织物的设计与试织工作程序及主要操作环节。

（2）实验步骤。

①原料的选用与整经。本次实验选用原液着色彩色涤纶丝、涤棉混纺色纱合股线等为原料。根据组织不同选取不同种类规格的原料。

首先确定原料规格，使用称重法测量分别得到经纬纱线原料的细度（tex），使用捻度仪测量经纬纱线单纱股线的捻度值（捻/10cm）。

一般经纱采用的原料较好，上机张力大，丝线平整，对织物的质地有较大影响。经纱细度一般比纬线的细，有利于提高生产效率，纬密少，从而生产速度高。根据表3-2-1参考并确定经密，该表在单层组织结构下适用；在确定纬密时如无特殊要求，平纹织物纬密少于经密的20%～30%，斜纹为30%～40%，而缎纹则可在50%左右。

根据设计的织物幅宽计算总经丝根数，总经丝根数=经密×设计幅宽+边经×2。

②上机图绘制与色经色纬排列。根据织物组织设计要求，画出上机图。上机图包含组织图、穿筘图、穿综图、关系图、纹板图。其中组织图包含布边组织和布身组织，布边组织与布身组织间空一列。在根据穿综图和关系图画纹板图时注意布边组织和布身组织的纹板间没有空隙。

绘制配色模纹前先确定色经循环和色纬循环。在设计重组织、双层组织、多层组织时，

为了表现每层组织结构的不同层次，通常将表经（纬）、里经（纬）设计成不同的颜色。例如表经：里经＝1：1，则经纱排列比＝1：1。

也可以按照表（里）层组织来设计配色模纹，使织物的正（反）面的外观花形有配色模纹效果。确定其表（里）层色经色纬排列，计算配色模纹循环数。在如图3-4-7所示的分区图上的相应位置内绘制组织图、色经及色纬的排列顺序，并在配色模纹循环内填绘组织图。根据色经的排列顺序，在相应色经的纵行内的经组织点处，涂绘色经的颜色，同样在相应色纬横行的纬组织点处，涂绘色纬的颜色，从而完成配色模纹设计。

③钢筘选用。根据织物经纱细度和密度选择合适的钢筘筘号和筘齿穿入数，本实验实例可选用135号筘，即13.5筘/cm，2入/筘。

选好钢筘后，安装钢筘。将相对应的钢筘插入筘槽，然后用螺栓固定；确定综框数，如上机图中的穿综图所示，布边组织需要两片，布身组织若干片；整理综框，将综框中的综丝全拨至右侧，以防止穿经从右侧综丝中按次序拨出综丝穿经时，综丝不足而经纱不能穿满幅。

④穿经过筘与纱线张力调整。穿经按从左至右的顺序依次穿。先按穿综图所示确定待穿入的是第几片综框，从该综框右侧综丝中顺次取出一根综丝；先穿边经，从经轴上的经纱条中取出一根经纱，放至待穿综丝综眼处，从小样机前方用穿综钩伸入综眼钩出经纱，完成一根穿经；重复上述穿经动作直至穿满四根边经后再穿布身组织经纱；待穿足布身组织经纱数后，按照穿综图的边经穿法，再穿四根边经。

穿筘前需要规划钢筘门幅范围，尽量使经纱从经轴到综框到钢筘保持直线并且保证筘齿数量足够，而不要让经纱有太大的曲折；将钢筘取下平插入前方的筘座，使用穿筘刀穿筘，使用方法详见2.9章节相关内容"筘刀使用"；待依经纱次序穿满钢筘后，将钢筘插回筘座；在钢筘前梳理经纱，再分成两股分别拉紧绑定在卷绕轴的绑布条上。

经纱张力调整，顺时针转动小样织机右下方的织轴转动手柄，织轴向后退从而增大经纱张力，如发现经纱张力不匀则需在卷绕绑布条上解下并重新梳理经纱张力均匀后，绑紧该股经纱条。

⑤纹板图和纬密输入文件保存。打开半自动小样织布机控制电源，按2.6章节"半自动小样机纹板输入与操作过程"的相关操作规程输入纹板图、选纬图和纬密，并保存。

⑥纬线准备、设计方案文件运行与织造。选择纬线原料，本实验以原液着色彩色涤纶丝、涤/黏毛染色纱作纬纱原料；根据设计要求选取合适的颜色规格的纬纱制作纬纱管，将空的纬纱管插入卷纬器转轴，绕数圈纬纱后打开卷纬器启动电源，纬纱管自动卷绕纬纱，结束后关闭卷纬器电源，拔出纬纱管；正式织造时，打开气阀则综框提升形成开口，用纬

纱管穿过开口引入纬纱，向前扳动钢筘打纬，打纬完毕后，综框根据下一纹板自动提升，扳回钢筘形成开口，穿回纬纱管引入下一纬，再扳动钢筘打纬，如此循环。

⑦织造长度测量与组织、纬线变化。织造长度达到大约15cm后，可以进行组织、纬线的变化；组织变化时需要注意所设计的组织必须与机上的穿综图一致，否则会与实际织出的织物组织不符；纬线的变化可以根据配色模纹设计图改变纬纱的颜色、纬纱排列比等，使织物展现不同的风格效果。

⑧织造检查后下机与小样后处理加工。织造时如发现有断经现象，需要取一根新的经纱与断纱末端打结后在原位穿综过筘，织入几纬后将浮于织物表面的断头剪除；织造结束后，用剪刀剪断经纱，取下织物，修剪两端布边，对织物进行适当的整理；清理小样织机上的残余纱线，松绑绑布条上的纱线，剥清纬纱管上的纱线，整理好穿综钩、穿筘刀等工具，实验完毕。根据实验要求，还需找实验指导老师，预约相关织物后处理加工实验，并对织物进行适当的煮练、熨烫或烘干定型整理后，剪取标准样品，完成实验数据整理和撰写报告。

3.5.5 实验记录

（1）填写织物上机规格表（表3-5-1）。

表3-5-1 织物小样织造规格单

织物品号：			
成品规格		织造规格	
门幅	cm	钢筘	内幅____cm + 边幅____cm×2=外幅____cm
内幅	cm		筘号：_____号 穿入数：_____入
经密	根/10cm	经线数	内经丝数：__根+边经：__根=总经线数：__根
纬密	根/10cm	经线组合	
		纬线组合	
组织图与上机图			
组织循环	R_j =	综片数： 片 穿综法： 穿	
	R_w =	经纱排列：	
		纬纱排列：	

织物品号：			
成品织物 小样外观		经向剖面图	
		纬向剖面图	

注　每种组织填写一张。

（2）织物小样试织效果与分析。

①小样织物大小与质量评价。

（织物成品尺寸、织物品质质量）

②小样织物外观风格与织疵分析。

（织物外观花形特点和主要疵点分析）

③试织过程的主要问题与解决措施。

（穿综、开口、经纱张力、断经、布边、卷边等）

3.5.6　学生部分实验作品欣赏

近几年来，本专业学生第四次上机试织的复杂组织织物小样代表性作品欣赏，见表3-5-2。

表3-5-2　典型双层组织织物上机图与织物小样试织效果欣赏

序号	织物组织上机图	织物小样试织效果
1	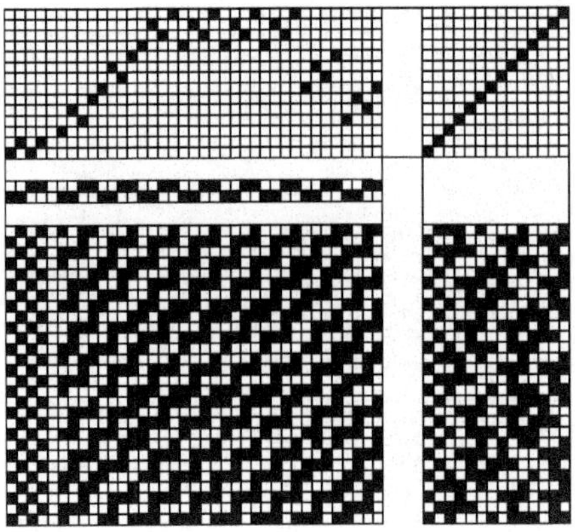	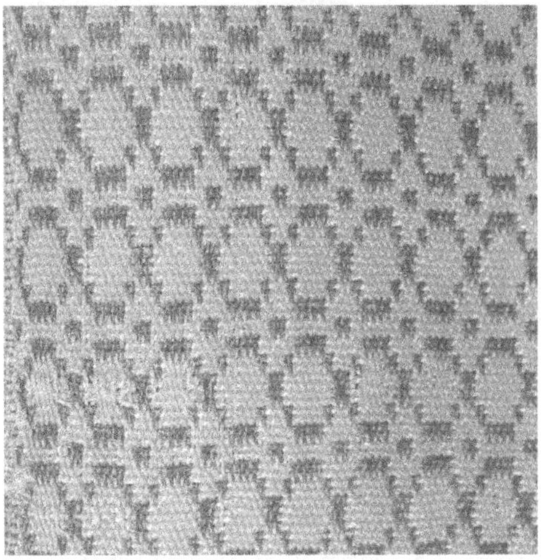

序号	织物组织上机图	织物小样试织效果
2	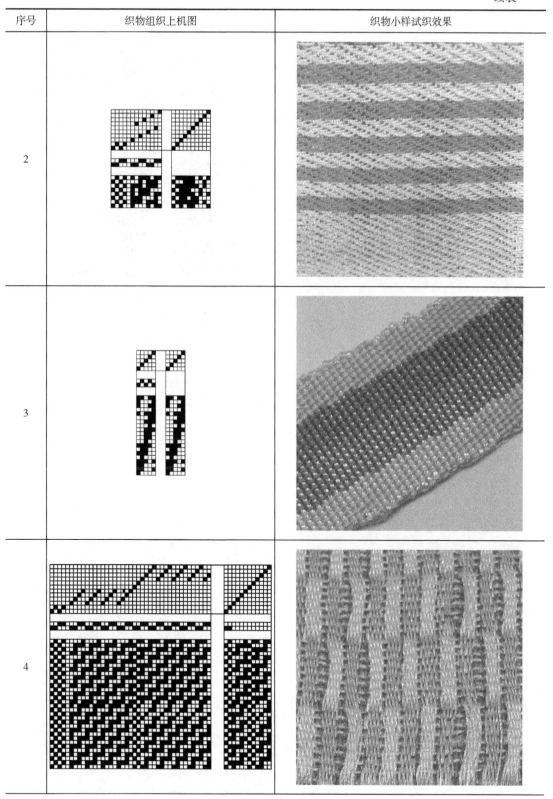	
3		
4		

序号	织物组织上机图	织物小样试织效果
5		

第四章

实验教学规范与
实验室管理

4.1 实验报告规范格式与要求

4.1.1 实验报告格式

实验报告的书写是一项重要的基本技能训练。它不仅是对每次实验的总结，更重要的是它可以初步地培养和训练学生的逻辑归纳能力、综合分析能力和文字表达能力，是科学论文写作的基础。因此，参加实验的每位学生，均应及时认真地书写实验报告。要求内容实事求是，分析全面具体，文字简练通顺，誊写清楚整洁。

学生上完本次实验课内容，在下次实验课前上交本次的实验报告，不得无故拖延、不得抄袭实验报告。实验报告内容要完整，数据处理应包括原始数据表格、计算公式、计算过程、计算结果、误差分析；原理示意图、实验过程示意图要完整，参数标注要齐全。对实验原理、实验内容、实验方法及实验过程中产生的问题进行认真地分析讨论，描述实验所织面料的手感风格，对实验设计和经验总结部分有创新之处，将酌情加分予以鼓励。

实验报告表格格式见表4-1-1。

表4-1-1 实验报告格式

实验名称				日期	
同组者姓名		室温	气压	成绩	教师

一、实验目的及要求

二、实验原理

三、实验设备（环境）及要求

四、实验内容与步骤

五、实验结果与数据处理

六、分析与讨论

七、回答思考题

4.1.2 实验报告的具体要求

（1）实验目的及要求。目的要明确，实验目的包括理论验证和实践操作。理论验证实验，是指通过实验验证定理、公式或者算法，并使实验者获得深刻和系统的理解。实践操作实验，是需要掌握实验设备的使用技能技巧和程序的调试方法。

（2）实验原理。在此阐述实验相关的主要原理，从课本和相关文献资料上获取此次实验中所运用的原理，阐明实验研究所使用的研究方法。书写报告时文字务必清晰、通顺，所用的公式及其来源有简要的推导过程，有为阐述原理而必要的原理图或实验装置示意图。如果图不止一张，应依次编号，安插在相应的文字附近。

（3）实验设备（环境）及要求。在实验中，仪器设备是根据实验原理的要求来配置的，书写时应记录：仪器的名称、型号、规格和数量（根据实验时实际情况如实记录，没有用到的不写，更不能照抄教材）；在实验中往往还要记录仪器的生产厂家、出厂日期和出厂编号，以便在核查实验结果时提供可靠依据；在材料检测实验中需要记录实验环境的温度、湿度等实验条件。

（4）实验内容与步骤。概括性地写出实验的主要内容或步骤，特别是关键性的步骤和注意事项。根据测量所得如实记录原始数据，多次测量或数据较多时一定要对数据进行列表。特别注意有效数字的正确，如果是电子仪器，那么仪表上的读数可以直接记录在实验记录本上，有几位就读几位；如果仪器的读数用刻度表示，例如直尺、温度计等，那么读数通常比最小刻度多读1位，这1位为估计值，也作为有效数字。指出各物理量的单位，必要时要注明实验或测量条件。

（5）实验结果与数据处理。对于需要进行数值计算而得出实验结果的，测量所得的原始数据必须如实代入计算公式，不能在公式后立即写出结果。需要作图时，则附在报告中。

将重复多次实验所得的数据求平均值、标准差及变异系数（CV值），公式如下：

$$u = \frac{\sum_{i=1}^{n} a_i}{n}$$

$$\sigma = \sqrt{\frac{\sum_{i=1}^{n} (a_i - u)^2}{n}}$$

$$CV = \frac{\sigma}{u} 100\%$$

式中：u——平均值；

σ——标准差；

CV——变异系数；

a_i——各实验值；

n——实验次数。

如由多组实验条件得到的实验数据，还需作图拟合回归曲线。建立直角坐标系，以实验条件为x轴，例如温度、纱线细度；所对应的实验数据为y轴，例如纱线强力；然后将实验数据在坐标系上描点，作散点图；最后用一条光滑的曲线拟合，注意在xy轴上的截距所表示的含义。

（6）分析与讨论。一篇好的实验报告，除了有准确的测量记录和正确的数据处理、结论外，还应该对结果作出合理的分析讨论，从中找到被研究事物的运动规律，并且判断自己的实验或研究工作是否可信或有所发现。一份只有数据记录和结果计算的报告，其实只完成了测试操作人员的测试记录工作。至于数据结果的好坏、实验过程还存在哪些问题、还要在哪些方面进一步研究和完善等，都需要加以思考、分析和判断，从而提高理论联系实际能力、综合能力和创新能力。在分析和讨论部分，要讨论实验数据反映的趋势，根据实验数据得出结论并观察所织的面料布面效果，进行疵点分析等。

（7）回答思考题。老师如有布置实验思考题的，学生应该认真思考，查阅相关文献，然后写出思考过程和答案。如有创新性回答的，老师应给予表扬和奖励，鼓励学生不局限于本实验任务，要有扩展发散性思维，对实验内容举一反三，推演出其他的实验思路和方法。

4.2 实验室管理规定与实验课教学工作流程

4.2.1 实验室管理规定

（1）实验前要认真预习实验内容，明确实验目的、方法和步骤，掌握实验用仪器设备的性能和基本操作规程，写出预习报告。

（2）进入实验室，应服从教师指挥，虚心听取指导教师和技术人员的指导，遵守实验室的各项规章制度，严禁在室内大声喧哗、谈论，不准吸烟，不准乱扔杂物。

（3）做实验时，必须集中思想，认真观察，如实记录各种实验数据，认真思考分析，不敷衍了事，不抄袭他人的实验数据。

（4）严格遵守《实验室安全卫生制度》。学生进实验室必须弄清水、电、气开关，通风设备、灭火器材的配备情况和安放地点，并会正确使用。严格遵守操作规程，如遇意外事故，立即报告老师；马上采取措施，妥善处理。在做有关电类的实验时，接线完毕后，必须经教师检查同意后，方可接通电源进行实验。在改接线路之前，必须关掉电源，严禁带电操作。

（5）爱护实验仪器设备，节约水、电、气和实验材料。实验前先检查实验材料是否齐全，如发现仪器破损或缺少，须填写领（借）用单，经指导教师签署意见后领取。使用精密仪器时，必须严格按照操作规程进行操作，如果发现异常或出现故障，应立即停止使用，并报告指导老师或实验室工作人员。不得动用与本实验无关的教学仪器设备；损坏实验仪器和设备，一律照章赔偿。

（6）实验结束后，须做好清点、整理和复位等工作，经教师或实验人员检查后，方可离开实验室。

（7）按实验要求认真书写实验报告。

4.2.2　实验课教学工作流程

（1）预习。学生应依照实验教学大纲，认真预习。了解实验目的、实验任务，了解需要用到的实验仪器；准备好实验思考题，带着问题做实验。

（2）实验预约登记。教学实验课程应在实验室的签到本上签到。进行科研项目、毕业设计等需要单独使用实验设备时，应提前在实验室办公室处预约登记。若要使用十万元以上的大型设备，还需在《十万元以上大型精密仪器设备使用、维修登记本》上登记。

（3）工具材料领取。实验前先由学习委员在实验办公室领用实验课所需的实验工具和材料，然后以小组为单位分发实验工具材料。一些简易实验工具，如直尺、剪刀，学生自行准备。若所用到的工具材料，如纱管、纱筒等，需要带出实验室的，必须填写《实验室借出物品登记表》，填写借出物品的数量和本人联系方式，归还时在登记表上"已归还"处打勾。

（4）实验准备。学生不得将食物带入实验室，初次进入实验室，需听从老师安排，了解安全及实验纪律守则。包括人身安全与仪器设备安全，学生应树立安全意识，服从实验室规章制度，严守实验仪器操作规范。

（5）实验操作。实验前学生应认真看老师的操作示范，了解实验操作步骤和注意事项。实验中，学生独立操作、认真观察实验现象、做好记录，不四处走动，不允许做与实验无关的事情，遇到问题举手向老师示意。

（6）数据统计与审核。实验后，学生将所记录的实验数据进行处理、审核。如果是电子仪器，那么仪表上的读数可以直接记录在实验记录本上，有几位就读几位。如果仪器的读数用刻度表示，例如直尺、温度计等，那么读数通常比最小刻度多读1位，这1位为估计值，也作为有效数字。如果读数是固定值，例如容量瓶，那就把瓶上的规格数字抄在实验记录本上。

（7）仪器设备归位与卫生整理。实验完成后应将所用的实验仪器和工具放归原处，将所用的纱线放回纱线储藏室内，将实验仪器上的杂物清理干净。由实验员老师验收确认后方可离场。

4.2.3　实验报告考核评价

实验报告的打分按照考核评价标准来评分，详细考核评分见表4-2-1。

表4-2-1　考核评分表

项 目		分 值	得 分
实验设计部分	原料选配	5（按要求选择原料，少一项扣2分）	
	经纬密设计	5（按要求选择经纬密，少一项扣2分）	
	穿筘设计	5（按要求选择正确筘号筘穿入，少一项扣2分）	
	经纬色纱排列	5（按照设计思路进行经纬色纱排列，少一项扣2分）	
	边经设计	5（按要求写出布边组织，边经根数，少一项扣2分）	
	上机图绘制	10（按要求画出上机图，包括组织图、穿筘图、穿综图、关系图、纹板图，错一项扣2分）	
实验过程部分	实验预备	5（按照实验要求写出实验设计书，少一项扣2分）	
	实验步骤条理	5（不按照实验步骤，无序不规范扣分，最多不超过5分）	
	卫生情况	5（实验完成后不打扫卫生、不归还工具扣分，最多不超过5分）	
	实验室安全	5（实验过程中操作不当引发安全问题扣分，最多不超过5分）	
	问题与解决	5（实验过程中碰到问题并请教老师得到圆满解决的得5分）	
实验报告部分	实验报告格式	10（实验报告格式不规范扣分，最多不超过10分）	
	实验报告内容	10（实验报告内容不完整扣分，最多不超过10分）	
	创新实验设计	10（实验报告所设计的实验创新、实验结果效果显著得10分）	
	书写规范	10（字迹不工整扣分，最多不超过10分）	

第五章

课程后续开放实验
备选项目设计

5.1 院校级大学生科技创新计划项目

5.1.1 校级学生科研课题立项

为激励大学生的创新精神，提高大学生的自主创新能力，强化科研的育人功能，进一步激发在校学生的科研创新热情，为大学生展示学术才华、科研水平和创新能力提供良好的平台，学校每年举办开展大学生科技创新计划项目，以营造在校学生课外学术科技良好氛围。

（1）申报对象。学校正式注册的全日制非成人教育的在校本科学生（非毕业班学生）。

（2）申报条件。

①自然科学、社会科学和工程技术领域的创新性研究项目皆可申报。

②项目要有创新性，要凸显专业特色，项目技术或方案可行性较高，具有一定的学术价值和应用价值。

③学生科研项目一般须组织学生科研团队开展研究，学生科研团队一般由3～5人组成，并确定1位同学作为课题负责人，组织协调课题的实施。

④项目负责人具有完成项目所需的组织管理及协调能力，原则上在课题立项后一年之内完成项目研究工作。

⑤毕业设计、课程设计、学位论文等不在申报范围之列。

（3）申报办法。

①课题立项采取负责人申请的方式，填写《×年度学生科研项目立项申报书》。申请人所在学院对学生申报的课题进行论证、评审、择优推荐，排序后汇总上报校团委。

②各学院于截止日前将学生科研课题立项申报表（一式三份）、汇总表以及相关的电子文档交校团委办公室。

③学校将组织专家对全校学生申报课题进行评审，确定校重点资助项目100项左右，学校给予每个项目若干元的经费资助。

（4）中期检查及结题。学校将组织本年度的学生科研课题中期检查，学院组织专家对实施课题进行全面检查，学校将在各学院检查的基础上抽查课题进展情况。立项课题要求在一年内全面结题。

学校重点资助项目原则上要有明显的成果。学生公开发表文章须注明"×校×学院大学生科研基础资助项目"，版面费报销参照《×学院学生发表论文版面费报销办法》执行。

项目通过验收后，根据项目完成的质量，给予资助金额的20% ~50%为教师指导津贴，校团委负责审核。

经费在项目结题后凭经费卡和有效发票到校团委办理报销手续。

5.1.2 院级学生科研课题立项

为加强学生的科研工作，培养学生的创新精神和实践能力，同时为校级及以上学生科研项目的申报做好选拔工作，学院每年开展学生科研项目申报活动。

（1）申报程序及要求。组织发动。结合专业实际和自身特长，选择研究方向。项目负责人原则上要求是高年级学生，项目组成人员数为3~5人。负责人要认真组织填写《×学年科研项目申报书》，于截止日前上报学生科。

（2）学院评审。项目指导教师要对申请表上填报的主要内容、课题研究的可靠性以及申请人能否胜任该课题的研究工作签署意见。院学生科研领导小组将组织专家对申请项目进行评审，评审通过后予以立项，评审结果分为重点项目、一般项目和非资助项目。

（3）经费支持。学院给予重点项目800元/项的资助，一般项目200元/项的资助，非资助项目，将视项目结题状况及科研成果而给予一定物质奖励。院级项目是校级及以上学生科研项目申报的基础，若在校级及以上科研项目申报中立项，且项目经费高于学院资助的，学院不再提供资助。

（4）其他要求。学生科研项目资助经费实行专款专用，坚持公正原则，倡导竞争、择优资助。申请资助经费的课题必须具有新颖性、创造性和现实性。对于课题研究成效显著的同学，学院将另行给予奖励。

5.2 省级大学生科技创新计划项目

5.2.1 浙江省大学生科技创新活动计划

（1）申报条件及对象。项目申报人必须是浙江省高校全日制在校大学生，项目必须在本省的行政区域内实施。项目可采取个人或团队形式申报，团队每组人数不超过5人。鼓励专业交叉融合。

项目实施周期原则上不超过一年（大学生创新创业孵化项目期限一般为两年）。项目完成时间必须在项目申报人毕业离校前。

申报项目必须包含实质性的科技成果，或者具有一定应用价值和商业潜力的创新创业创意。项目无知识产权归属纠纷。

（2）申报类别。

①大学生科技创新项目。申请对象为在校本科生及其团队。旨在培育一批大学生创新研究成果。

②大学生科技成果推广项目。申报对象为在校本科生、研究生及其团队。旨在培育一批具有一定应用价值和商业潜力的科技成果推广项目。

③大学生创新创业孵化项目。申请对象为在校研究生及其团队。旨在搭建大学生创新创业实践的指导、服务、交流平台，为研究生创业提供良好的场地环境、创业指导和培训等相关服务，培育和发现优质的科技经济项目和高素质的创新人才。

（3）项目申报与管理。

①学生申报，学校初审。每个项目均应有指导老师，团队指导老师由1~3人组成，指导老师须有中级以上职称。学校应将指导学生科研列为教师考核的一项内容，计算相应的工作量。各高校负责组织有关专家对本单位大学生科技创新活动计划（新苗人才计划）项目进行初审。

②学校上报，项目专家委员会评审，实施办公室审定。申报单位须提交项目申报书及相关辅助证明材料。申报资料经学校有关部门签署意见后报送实施办公室。实施办公室组织项目专家委员会进行评审，并确定年度立项项目。

③项目组在项目结束后，需及时向学校相关管理部门提出验收申请，填写验收申请报告，并提交成果报告、相关技术资料等辅助材料。

④根据项目研究期限，学校成立项目结题验收工作小组，对申请验收的项目参照项目申报书及验收申请报告，组织专家对项目实施情况、取得成效和存在问题等进行检查验收，撰写项目验收报告提交实施办公室。

⑤实施办公室组织项目专家委员会进行抽查，抽查结果分为优秀、合格和不合格，并作为下一期计划安排的重要依据。对无正当理由，自行中断的项目，实施办公室将取消该项目计划，追回已拨项目专项经费。对项目管理不力的单位，实施办公室将酌情减少该单位下一期申报指标。

5.2.2　"挑战杯"大学生课外学术科技作品竞赛

（1）申报条件及对象。在校正式注册的全日制非成人教育在校学生（含本科生和研究生）。

（2）申报类别。学生可按自然科学类学术论文、哲学社会科学类学术论文和调查报告（限定在哲学、经济、社会、法律、教育、管理专业）、科技发明制作三类作品申报参赛。

申报参赛的作品必须是规定期限内完成的学生课外学术科技和社会实践成果，可分为个人作品和集体作品。凡申报个人作品的，申报者必须承担申报作品的60%以上研究工作，作品鉴定证书、专利证书及发表的有关作品的署名作者均应为第一作者，合作者必须是学生且不得超过两人；凡作者超过三人的项目或不超过三人，但无法区分第一作者的项目，均须申报集体作品。集体作品除填写集体作品名称外，还要注明一位学历最高的作者为集体项目的代表，集体作品作者必须均为学生。凡有合作者的个人作品或集体作品，均按学历最高的作者划分为本科生作品、硕士研究生作品或博士研究生作品。

自然科学类学术论文作者仅限本科学生。哲学社会科学类社会调查报告和学术论文限定在哲学、经济、社会、法律、教育、管理六个学科。

毕业设计和课程设计（论文）、学年论文、学位论文、国际竞赛上获奖的作品、获国家级奖励的科研成果（含本竞赛主办单位参与的其他全国性竞赛的获奖作品）等不在申报作品范围之列。

（3）项目申报与管理。

①"挑战杯"大学生课外学术科技作品竞赛校内重点培育项目申报书（一式四份+电子稿）。

②"挑战杯"大学生课外学术科技作品竞赛校内重点培育项目作品及支撑材料（一式四份+电子稿）。

③"挑战杯"大学生课外学术科技作品竞赛校内重点培育项目汇总表（电子稿）。

④答辩PPT（电子稿）。

⑤团队人数不得超过6人，其中参加答辩人数为1~2人。答辩流程为8分钟作品介绍、专家提问。

5.2.3 浙江省大学生工业设计竞赛

（1）大赛简介。浙江省大学生工业设计竞赛，由省教育厅和省经济和信息化委员会主办。竞赛的举办为加强我省高校工业设计教学研究和学科交流搭建了平台，提升了大学生的创新能力和实践能力，加强了工业设计创新人才的培养，对推广以创意先导带动制造业发展的理念具有重要意义。工业设计专业的发展必将为全省乃至全国传统制造产业的发展和转型、推进创意产业发展，培养和输送更多优秀、富有创新能力的设计人才。

浙江省工业设计大赛每年举行一次，选题在每年的6月份左右公布，比赛分为初赛和决赛，初赛入围作品进入决赛。

（2）申报条件及对象。在校正式注册的全日制非成人教育在校学生（含本科生和研究生）。

（3）参赛流程。竞赛分为三个阶段：校内赛，省初赛和省复赛。

校内赛：以个人或小组（每组不超过3人，若超过3人则取前三位作者）形式设计参赛作品，于规定日期前报名，截止日前上交作品（纸质版面，版面上注明参赛编号）。

省初赛：9月30日报送省教育厅进行评选，由省大学生工业设计竞赛委员会初选后，入围作品进入省复赛。

省复赛：提交复赛PPT和版面电子文稿，提交复赛作品样机或模型。

入围复赛作品占参赛作品总数的50%左右，复赛作品通过现场答辩后评定各奖项。每个参赛组的答辩时间共8分钟（先由参赛者简要介绍作品构思、主要创新点，并进行现场操作演示等，5分钟；然后专家进行质询，3分钟）。

（4）作品要求。

①所有参赛作品内容需要符合本届大赛的主题和范围，必须是原创作品，作品未在报刊、杂志、网站及其他媒体公开发表，未参加过其他比赛，参赛者须保证对其参赛作品拥有完全的知识产权，无仿冒或侵害他人知识产权行为。

②所有申报作品需提供设计说明版面。

a. 校内赛提交内容：版面打印稿。

校内参赛作品版面大小为A3（297mm×420mm），纸质打印稿。每个参赛作品提交两个版面，版面内容包含主题、效果图、必要的结构图、基本外观尺寸图及说明文字等（竖构图，jpg格式，精度为72dpi，注明校内赛的参赛编号）。

b. 省初赛提交内容：电子版面。

省初赛需提交精度为72dpi的电子版面文件，版面大小为A3（297mm×420mm），供专家评委网络评选。每件参赛作品提供不超过两个版面，版面内容包含主题、效果图、必要的结构图、基本外观尺寸图及说明文字等。

c. 省复赛提交内容：电子版面、电子演讲稿。

参加复赛的作品版面大小为800mm×1800mm图幅，竖构图，jpg格式，精度为150dpi，CMYK颜色模式；每件参赛作品只需一个版面，版面内容包含主题、效果图、必要的结构图、基本外观尺寸图及说明文字等。电子演讲稿的格式可以是PPT、Flash动画、视频等形式。

③参赛作品及版面上不得出现作者所在单位、姓名（包括英文或拼音缩写）或与作者身份有关的任何图标、图形等个人信息资料。

④上交的参赛作品的电子版请以学校为单位进行编号和命名，由四部分组成，"学校全称"＋"三位数字编号"＋"作品名称"＋"版面序号"，中间用短横线"–"连接。并且与报名表信息一一对应。例：绍兴文理学院–007–智能发光壁挂–01。

5.3 创新实验与成果交流——纺织品设计大赛

5.3.1 大赛基本情况

中国高校纺织品设计大赛是在中国纺织工业联合会指导下，由中国纺织教育学会和教育部高等学校纺织服装教学指导委员会联合主办，绍兴文理学院和绍兴市柯桥区人民政府共同承办，知名纺织企业赞助的面向中国纺织高校的全国性赛事。中国高校纺织品设计大赛自2009年以来目前已举办七届，前五届以"越隆杯"冠名，第六、第七届以"红绿蓝杯"冠名。

大赛以"提升中国纺织品（面料）设计与新产品开发水平，促进中国纺织高等教育与纺织生产贸易企业的产、学、研密切合作"为宗旨，本着"科技时尚·品质生活"主题理念和"自愿参与，展示实力，公平竞赛，赛出水平"为比赛原则，以"新材料，新结构，高质感，功能性"为口号，着力打造国家级纺织品设计开发教学成果与在校大学生学术交流平台，发掘和推荐优秀纺织品设计开发人才，倡导纺织创意产业急需的高层次设计应用人才培养，为推动传统优势纺织产业升级转型提供产品方案与优秀人才推介。

5.3.2 作品主题、内容与格式要求

（1）作品主题。近几届作品主题介绍如下。

第三届：科技时尚，低碳生活，"天竹"环保新材料（天然纤维、生物质再生纤维、原液着色涤纶、功能新化纤等）。大赛口号：新材料、新结构、新创意，环保性、功能性、舒适性。

第四届：数字技术新材料，弘扬主流健康文化，倡导科技时尚低碳生活（天然纤维、生物质再生纤维、原液着色涤纶、功能新化纤等）。大赛口号：新材料、新结构，新元素、新创意，环保性、功能性、舒适性。

第五届、第六届、第七届：数字技术新材料，弘扬主流健康文化，倡导科技时尚低碳

生活（天然纤维、生物质再生纤维、原液着色涤纶、功能新化纤等）。

（2）参赛内容。纺织品纱线纤维组合、组织结构、染整技术等成形方法与外观风格设计，以及色织、纹织、印花（含手工艺染、机印和电脑喷印）等花形纹样创意及其应用效果设计。包括服装面料、装饰家纺材料、纺织品花样、产业用功能纺织品。

上述设计，必须在一个或多个方面突出体现主题概念与技术特征。

（3）作品格式要求。

①面料作品须为小样织机织造，并经煮练、定型等适当处理成为成品，需要详细注明原料成分、纱线结构、经纬密度、组织结构和平方米克重等基本规格参数、纺织染整生产工艺流程、风格功能特点和产品用途。

②花形纹样创意应用效果设计作品必须是适应色织、大提花、印花等织物应用，图案至少包括完整花回或独花团花的主体部分，并注明用套色数和简要工艺说明。

③参赛作品尺寸要求。

a. 织物结构设计与小样试织——主作品大小150mm×150mm；同一结构品种不同花色规格系列化作品大小80mm×80mm，不少于3只，以两张黑色A3（297mm×420mm）卡纸（即4张A4纸并列）统一装裱（装裱格式如图5-3-1所示），尺寸和装裱如不符标准，将不予受理。同时附1500字左右的白色A4纸打印"设计（技术）说明"文字稿（四号字，宋体，单倍行距，科技论文格式），裁边后贴于正面［如图5-3-1（a）所示］，详细说明作品的设

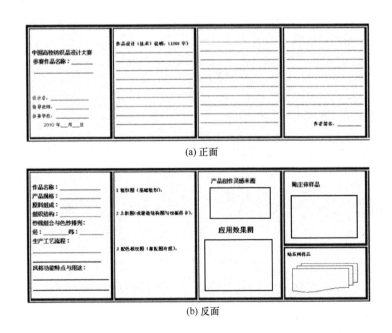

图5-3-1　织物结构设计参赛作品装裱标准格式（A4纸×4）

计创作意图、材料组合、结构风格特征、生产工艺技术特点、染整后处理要求和主要用途、适用区域和消费者对象等，但是不能出现作者及其所在学校等的任何信息。

b. 纺织品花形纹样设计与应用效果——整体尺寸为：宽105cm×高29.7cm（相当于5张A4复印纸并列大小）；元素提取和创意设计要体现流行时尚、积极向上的健康文化和社会主流价值观，拒绝低俗文化，作品主图像素为300dpi，尺寸不小于180mm×200mm，所有内容要统一裱在一张卡纸上（排版格式参考图5-3-2）。

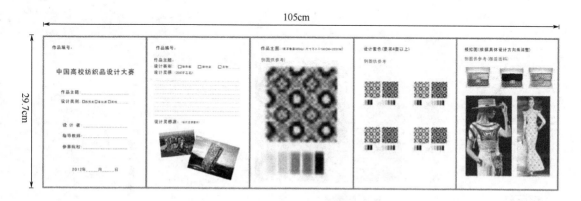

图5-3-2　织物结构设计参赛作品装裱标准格式（A4纸×4）

c. 参赛作品需附加电子版，以电子邮件或刻录光盘一并提交大赛组委会（手工绘制需扫描或翻拍成电子版），图片质量（分辨率）不小于300dpi，参赛作品电子版文件（含"设计［技术］说明"）或光盘中需另附两寸个人近照一张。

5.3.3　中国高校纺织品设计大赛获奖作品赏析（图5-3-3～图5-3-5）

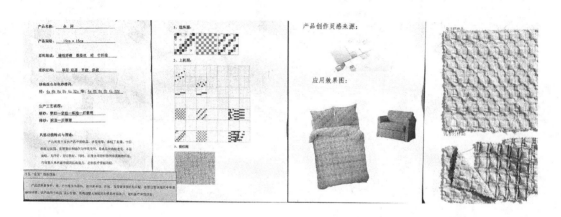

图5-3-3

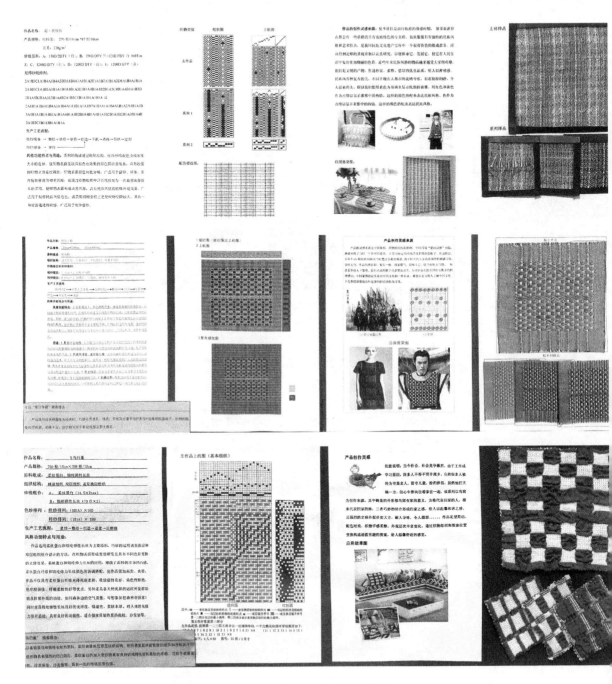

图5-3-3 变化、联合组织类优秀作品

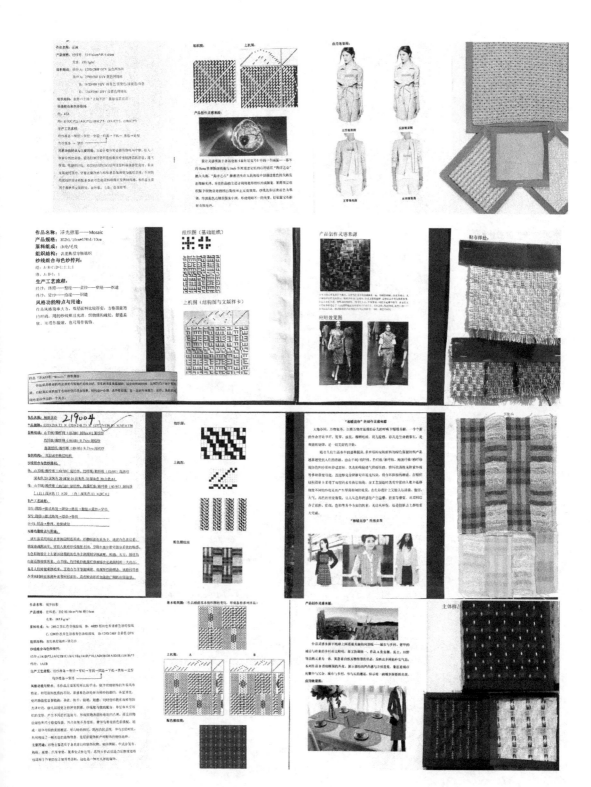

图5-3-4　双层组织类优秀作品

图5-3-5　小提花组织类优秀作品

参考文献

［1］王善元，于修业. 新型纺织纱线［M］. 上海：东华大学出版社，2007.8：14-16.

［2］杨锁廷. 纺纱学［M］. 北京：中国纺织出版社，2004.5：2-5.

［3］郁崇文. 纺纱学［M］. 北京：中国纺织出版社，2009.2：198-199.

［4］洪益明，寇勇琦，孙垂卿，等. 涤纶长丝纺花式线［J］. 江苏丝绸，2009，38（1）.

［5］洪益明，段亚峰，陈艳朝，等. 涤纶长丝纺花式线及其结构性能研究［J］. 化纤与纺织技术，2008，（4）.

［6］周惠煜，曾保宁. 花式纱线开发与应用［M］. 北京：中国纺织出版社，2002.8：9-21.

［7］李允成. 涤纶长丝生产［M］. 北京：中国纺织出版社，1995.2：5-11.

［8］印梅芬. 雪尼尔纱线/高收缩涤纶装饰织物的开发［J］. 丝绸，2005，（10）：12-13.

［9］奚柏君. 纺织材料学实验［M］. 绍兴文理学院教务处，2011：1-6.

［10］顾平. 织物组织与结构学［M］. 上海：东华大学出版社，2010（1）.

［11］陆金霞，周敏. 电子天平的使用、维护及故障处理［J］. 仪器仪表标准化与计量，2006，（3）：33-35.DOI：10.3969/j.issn.1672-5611.2006.03.015.

［12］周惠煜，曾保宁. 花式纱线开发与应用［M］. 北京：中国纺织出版社，2002.8：97-99，186-188.

［13］祝成炎，张友梅. 现代织造原理与应用［M］. 杭州：浙江科学技术出版社，2002，8：22-40.

［14］郭兴峰. 现代准备与织造工艺［M］. 北京：中国纺织出版社，2007.1：120-123.

［15］庞明军，段亚峰，陈晓娇，等. 粘胶上浆工艺研究［J］. 山东纺织科技，2009，50（5）：34-36.

［16］郭兴峰. 现代准备与织造工艺［M］. 北京：中国纺织出版社，2007.1：30-31

［17］田琳. 纹织物设计［M］. 北京：中国纺织出版社，2009.3：11.

［18］郭腊梅. 纺织品整理学［M］. 北京：中国纺织出版社，2005.12：272-275.

［19］冯愈，陈镇. 涤棉针织物染前热定形工艺探讨［J］. 针织工业，2009，（01）：59-61.

［20］北京第一棉纺织厂. 双层箱插筘刀的试制和应用［J］. 棉纺织技术，1974，（01）.

［21］梅自强. 纺织辞典［M］. 北京：中国纺织出版社，2007.1.

［22］祝成炎，张友梅. 现代织造原理与应用［M］. 杭州：浙江科学技术出版社，2002.8：182-186.

［23］陈继娥. 涤粘混纺产品的开发及其性能研究［D］. 苏州大学，2009.DOI：10.7666/
　　　d.y1638704.

［24］李栋高. 纺织品设计学［M］. 北京：中国纺织出版社，2005.

推荐图书书目

书 名	作 者	定价（元）
【本科教材】		
纺织机械基础	孟长明	38.00
织物结构与设计（第5版）	荆妙蕾	42.00
天然纺织纤维初加工化学	王春霞　季萍	35.00
羊毛衫设计与生产工艺	徐艳华	42.00
机织工程（上册）	高卫东	52.00
机织工程（下册）	高卫东	52.00
服用纺织品性能与应用	田琳	42.00
纺纱学（第2版）	郁崇文	43.00
针织学（第2版）	龙海如	43.00
纺织材料学（第4版）	姚穆	43.00
织造原理	郭兴峰	42.00
机织学（第2版）	朱苏康	42.00
机织实验教程（第2版）	朱苏康	42.00
非织造布后整理（第2版）	焦晓宁　刘建勇	46.00
家用纺织品配饰设计与产品开发	毛成栋	58.00
中国织锦大全	钱小萍	1280.00
高技术纤维概论（第2版）	西鹏	48.00
高分子材料加工原理（第3版）（附盘）	沈新元	60.00
膜法水处理实验	张宏伟	38.00
化学纤维概论（第3版）	肖长发	40.00
【技术类、工具书】		
上海纺织工业一百五十年（1861～2010年大事记）	《上海市志·纺织业卷》编纂室	58.00
现代配棉技术（第2版）	邱兆宝	32.00
细纱机安装与维修	王显方	45.00
电脑横机花型设计实用手册	王智	68.00
针织大圆机实用手册	邓淑芳	68.00
进出口儿童轻纺消费品检验实务	蔡建和	98.00
清梳联合机使用手册（第2版）	李泉	38.00
纺粘和熔喷非织造布手册	刘玉军	188.00
2014/2015中国纺织工业发展报告	中国纺织工业联合会	380.00
第二届"真维斯杯"纺织服装教育获奖论文集	中国纺织服装教育学会	68.00
中国棉纺织行业2014年度发展研究报告	中国棉纺织行业协会	260.00
2014年中国纺织行业品牌发展报告	《中国纺织行业品牌发展报告》编委会	168.00
2014中国家用纺织品行业发展报告	中国家纺协会	268.00
2014/2015中国产业用纺织品技术发展报告	中国产业用纺织品行业协会	200.00
2014/2015中国产业用纺织品行业发展报告	中国产业用纺织品行业协会	200.00
中国经编行业发展之路（2005—2015）	中国针织工业协会	58.00
中国经编技术创新之路（2005—2015）	中国针织工业协会	68.00

推荐图书书目

书　名	作　者	定价（元）

技术类、工具书

书名	作者	定价
纺织品功能整理	田俊莹	48.00
织物印花实用技术	胡木升	58.00
染整节能减排新技术	刘江坚	68.00
图解纤维材料	张大省	88.00
功能性医用敷料（第2版）	秦益民	28.00
小化工产品配方与制备	孙玉绣	42.00
黏合剂配方与制备	孙玉绣	42.00
洗衣技术646问	吴成浩	78.00

【高职高专教材】

书名	作者	定价
家用纺织品配套设计与工艺	高小红	49.00
纺织品外贸跟单	周燕	36.00
纺织生产管理与成本核算	李桂华	38.00
纺织品检测	范尧明	36.00
纺织机械基础概论（第3版）	周琪甡	48.00
纺织厂空调与除尘（第3版）	陈建华	48.00
纺织企业管理基础（第4版）	王毅	49.00
纺织应用英语	佟昀	39.00
提花工艺与纹织CAD（第2版）	包振华	48.00
机织试验与设备实训（第2版）	佟昀	38.00
纺织车间生产管理	张娟娟	38.00
家用纺织品理单跟单（第2版）	吴相昶	36.00
家用纺织品图案设计与应用（第2版）	张建辉　王福文	42.00
非织造工艺学（第3版）	言宏元	38.00
家用纺织品设计与市场开发（第2版）	姜淑媛	49.00
纺织商品与营销	王艳	49.00
印染仿色技术	童淑华	35.00
染色打样实训（第2版）	杨秀稳	46.00
纤维素纤维织物的染整	吴建华	55.00
染整专业英语（第2版）	伏宏彬	36.00
印染CAD/CAM（第2版）	宋秀芬	38.00
化工管路与仪表	王显方	39.00
煤质分析实训	孙琪娟	32.00
化工单元过程与操作	孙琪娟	40.00
化工原理课程设计	孙琪娟	32.00
染整技术（染色分册）	沈志平	36.00

注：若本书目中的价格与成书价格不同，则以成书价格为准。中国纺织出版社市场图书营销中心市函购电话：（010）67004461。或登陆我们的网站查询最新书目：

中国纺织出版社网址：www.c-textilep.com